《互换性与测量技术基础》
同步辅导与习题精讲

主　编　刘永猛　马惠萍
副主编　张也晗　刘丽华
主　审　刘　品

哈尔滨工业大学出版社

内容简介

本书与刘品和张也晗主编的《机械精度设计与检测基础》(哈尔滨工业大学出版社)、马惠萍主编的《互换性与测量技术基础案例教程》(机械工业出版社)及刘丽华主编的《机械精度设计与检测基础》(哈尔滨工业大学出版社)教材配套使用。全书分为10章,包括绪论、尺寸精度设计、几何精度设计、表面粗糙度设计、滚动轴承结合的精度设计、平键和花键精度设计、螺纹结合的精度设计、渐开线圆柱齿轮精度设计、尺寸链精度设计、哈尔滨工业大学试题与参考答案。为了提高教学质量和学习效果,每章以重难点讲解、例题解析、工程案例和习题答案的形式编排。本书全部采用最新国家标准编写。

本书可作为高等工科院校机械类各个专业(含机械设计、机械制造和机械电子)以及仪器仪表类专业教学用书,也可供从事机械设计、制造、标准化和计量测试等工作的工程技术人员参考使用。

图书在版编目(CIP)数据

《互换性与测量技术基础》同步辅导与习题精讲/刘永猛,马惠萍主编. —哈尔滨:哈尔滨工业大学出版社,2016.8
ISBN 978-7-5603-6163-5

Ⅰ.①互… Ⅱ.①刘…②马… Ⅲ.①零部件-互换性-高等学校-教学参考资料 ②零部件-测量技术-高等学校-教学参考资料 Ⅳ.①TG801

中国版本图书馆 CIP 数据核字(2016)190303 号

策划编辑	黄菊英
责任编辑	范业婷 高婉秋
出版发行	哈尔滨工业大学出版社
社　　址	哈尔滨市南岗区复华四道街10号 邮编150006
传　　真	0451-86414749
网　　址	http://hitpress.hit.edu.cn
印　　刷	哈尔滨工业大学印刷厂
开　　本	787mm×1092mm 1/16 印张10.5 字数240千字
版　　次	2016年8月第1版 2016年8月第1次印刷
书　　号	ISBN 978-7-5603-6163-5
定　　价	19.80元

(如因印装质量问题影响阅读,我社负责调换)

前　言

"互换性与测量技术"即"机械精度设计与检测技术",该课程是一门为机械类及近机械类各专业本科生开设的、以培养学生机械产品精度设计能力为目的的重要技术基础课。本课程是机械设备(或产品)设计基础(运动设计、结构设计、强度设计、精度设计)中不可缺少的重要组成部分,是联系机械设计课程与机械制造工艺课程的纽带,也是从基础课教学过渡到专业课教学的桥梁。本课程的教学目标是培养学生具有机械精度设计的能力,课程内容包括尺寸精度设计、几何精度设计、表面粗糙度设计、典型零部件精度设计和尺寸链精度设计等内容。本辅导教材仅讲解机械精度设计的内容,不包括测量技术部分内容。

为了提高教学质量和学习效果,哈尔滨工业大学公差与仪器零件教研室编写了本书。全书分为10章,包括绪论、尺寸精度设计、几何精度设计、表面粗糙度设计、滚动轴承结合的精度设计、平键和花键结合的精度设计、螺纹结合的精度设计、渐开线圆柱齿轮精度设计、尺寸链精度设计、哈尔滨工业大学试题与答案。为了提高学生学习效果,每章以重难点讲解、例题解析、工程案例和习题答案的形式编排。本书全部采用最新国家标准编写。

本书由哈尔滨工业大学刘永猛、马惠萍任主编,张也晗、刘丽华任副主编。第1~4章由刘永猛编写;第5、6章由马惠萍编写;第7、8章由张也晗编写;第9、10章由刘丽华编写。

本书承蒙哈尔滨工业大学刘品教授精心审阅。本书与刘品和张也晗主编的《机械精度设计与检测基础(第9版)》(哈尔滨工业大学出版社)、马惠萍主编的《互换性与测量技术基础案例教程》(机械工业出版社)和刘丽华主编的《机械精度设计与检测基础(第2版)》(哈尔滨工业大学出版社)教材配套使用。

编　者
2016年5月

目 录

第1章 绪论 1
  1.1 重难点讲解 1
  1.2 例题解析 1
  1.3 习题答案 2

第2章 尺寸精度设计 3
  2.1 重难点讲解 3
  2.2 例题解析 16
  2.3 工程案例 21
  2.4 习题答案 22

第3章 几何精度设计 31
  3.1 重难点讲解 31
  3.2 例题解析 45
  3.3 工程案例 52
  3.4 习题答案 53

第4章 表面粗糙度轮廓设计 57
  4.1 重难点讲解 57
  4.2 例题解析 62
  4.3 工程案例 62
  4.4 习题答案 64

第5章 滚动轴承结合的精度设计 69
  5.1 重难点讲解 69
  5.2 例题解析 74
  5.3 工程案例 78
  5.4 习题答案 79

第6章 平键和花键精度设计 82
  6.1 重难点讲解 82
  6.2 例题解析 86
  6.3 工程案例 87
  6.4 习题答案 90

第7章 螺纹结合的精度设计 93
  7.1 重难点讲解 93

7.2　例题解析 ··· 98
　　7.3　工程案例 ··· 100
　　7.4　习题答案 ··· 101
第 8 章　渐开线圆柱齿轮精度设计 ··· 104
　　8.1　重难点讲解 ·· 104
　　8.2　例题解析 ··· 113
　　8.3　工程案例 ··· 114
　　8.4　习题答案 ··· 116
第 9 章　尺寸链精度设计 ··· 118
　　9.1　重难点讲解 ·· 118
　　9.2　例题解析 ··· 119
　　9.3　工程案例 ··· 121
　　9.4　习题答案 ··· 122
第 10 章　哈尔滨工业大学试题与参考答案 ·· 127
　　互换性与测量技术基础　试题一 ·· 127
　　互换性与测量技术基础　试题二 ·· 130
　　互换性与测量技术基础　试题三 ·· 133
　　互换性与测量技术基础　试题四 ·· 137
　　互换性与测量技术基础　试题五 ·· 143
　　参考答案 ··· 147
参考文献 ··· 161

第1章 绪 论

1.1 重难点讲解

1. 互换性定义

互换性是指同一规格的一批零件或部件中,任取一件,不需经过任何选择、修配或调整就能装配在整机上,并满足使用性能的要求。实现方法:按给定的公差进行制造。

2. 互换性的分类

互换性按照互换性的程度分为完全互换性和不完全互换性;对于标准件分为内互换和外互换。

3. 优先数系及其形成规律

优先数系是对各种技术参数的数值进行协调、简化和统一的一种科学的数值制度,是国际上统一的数值分级制度和重要的基础标准之一。

数系的项值中依次包含:…,0.01,0.1,1,10,100,…即由 10^N 组成的十进制序列。

十进制序列按:…,0.01~0.1,0.1~1,1~10,10~100,…的规律分成若干区间,称为"十进段"。

每个"十进段"内都按同一公比 q 细分为几何级数,从而形成一个公比为 q 的几何级数数值系列。这样,可以根据实际需要取不同公比 q,从而得到不同分级间隔的数值系列,形成优先数系。

4. 标准化、标准分类

标准化是为在一定范围内获得最佳秩序,对实际或潜在的问题制定共同的和重复使用的规则的活动。按照应用的范围,标准分为国际标准、国家标准、省部市标准和企业标准。

1.2 例题解析

例题 1-1 互换性按照互换性的程度分为哪两种?

解答 互换性按照互换性的程度分为完全互换性(简称互换性)和不完全互换性(简称有限互换性)两种。

例题 1-2 对于标准件而言,互换性分为哪两种?

解答 对于标准件而言,互换性分为内互换和外互换。

例题 1-3 轴承厂为了提高利润,减少成本,可以对轴承的内部零件采用什么互换?

解答 轴承厂可以对轴承的内部零件采用内互换性提高产品性价比。

例题 1-4 标准按应用范围分为哪几类?

解答 标准按应用范围分为国际标准、国家标准、省部市标准和企业标准。

1.3 习题答案

习题 1-1 什么是互换性？互换性的分类及应用场合有哪些？

解答 互换性是指同一规格的一批零件或部件中，任取一件，不需要经过任何选择、修配或调整就能装配在整机上，并能满足使用性能要求的特性。根据互换性的程度或范围的不同，互换性可分为完全互换性（绝对互换）和不完全互换性（有限互换）两类。对于协作件，应采用完全互换性；对于厂内生产的零部件间的装配，可以采用不完全互换性。按照使用要求的不同，互换性可以分为几何参数互换和功能互换。按照应用场合不同，互换性可分为外互换和内互换。

互换性在设计方面，零部件可以最大限度地采用标准零部件和通用件，大大简化了绘图和计算等工作量，缩短了设计周期。在制造方面，由于具有互换性的零部件按照标准规定的公差加工，有利于组织专业化生产，采用先进工艺和高效率的专用设备，或采用计算机辅助制造，实现加工过程和装配过程的机械化和自动化，从而可以提高生产率和产品质量，降低生产成本。在装配方面，由于具有互换性的零件不需要辅助加工和修配，故可以减轻装配工作量，缩短装配周期，并可以采用流水线或自动化装配。在使用和维修方面，零部件具有互换性，可以及时更换已经磨损或损坏的零部件，同时减少机器的维修时间和费用，保证了机器工作的连续性和持久性，延长了机器的使用寿命。

习题 1-2 什么是优先数系？国家标准中优先数系有几种系列？

解答 优先数系是由公比分别为 10 的 5、10、20、40、80 次方根，且项值中含有 10 的整数次幂的理论等比数列导出的一组近似等比数列。国家标准中优先数系有 R5、R10、R20、R40 和 R80 5 个系列，称为 Rr 系列。

习题 1-3 什么是标准化？标准应如何分类？它和互换性有什么关系？

解答 标准化是在一定范围内获得最佳秩序，对实际或潜在问题制定共同和重复使用的规则的活动。

标准按照使用范围分为国际标准、国家标准、省部市标准和企业标准。在现代工业社会化的生产中，要实现互换性生产，必须制定各种标准，以用于各部门的协调和生产环节的衔接。

习题 1-4 优先数系形成的规律有哪些？

解答 优先数系形成的规律有：延伸性、包容性、插入性和相对差不变性。

第 2 章　尺寸精度设计

2.1　重难点讲解

尺寸精度是机械精度设计的重要部分,也是本课程教学和学习的重点内容之一。本章需要掌握的重要知识点包括尺寸、偏差、公差、配合公差、基准值、标准公差系列、基本偏差系列的定义及其内容和尺寸精度设计方法。

1. 基本术语、定义及其运算关系(GB/T 1800.1—2009)

(1)极限偏差:极限尺寸减其公称尺寸所得的代数差,即上偏差和下偏差,见下两式。

$$\text{ES} = D_{\max} - D, \quad \text{es} = d_{\max} - d \tag{2.1}$$

$$\text{EI} = D_{\min} - D, \quad \text{ei} = d_{\min} - d \tag{2.2}$$

(2)实际偏差:实际尺寸减其公称尺寸所得的代数差,见下式。

$$E_a = D_a - D, \quad e_a = d_a - d \tag{2.3}$$

(3)实际偏差合格条件见下式。

$$\text{EI} \leqslant E_a \leqslant \text{ES}, \quad \text{ei} \leqslant e_a \leqslant \text{es} \tag{2.4}$$

对照图 2.1,理解上偏差、下偏差、实际偏差的含义,学会利用实际偏差和上下偏差之间的关系,判断孔和轴的合格性。

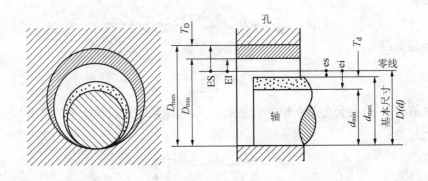

图 2.1　孔和轴的上偏差和下偏差

2. 尺寸公差带图解

(1)尺寸公差带图:由代表上偏差、下偏差或最大极限尺寸和最小极限尺寸的两条直线所限定的一个区域。包括零线(公称尺寸)、孔和轴公差带及上下偏差数值 3 个要素,如图 2.2 所示。应熟练掌握尺寸公差带图的绘制方法。

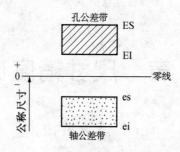

图 2.2　孔和轴的尺寸公差带图

基本偏差是指公差带中靠近零线的上偏差或下偏差。当公差带在零线上面时,其基本偏差为下偏差,当公差带在零线下面时,其基本偏差为上偏差。

(2)尺寸公差:指允许尺寸的变动量。

①孔的公差,见下式。

$$T_D = |D_{max} - D_{min}| = |ES - EI| \qquad (2.5)$$

②轴的公差,见下式。

$$T_d = |d_{max} - d_{min}| = |es - ei| \qquad (2.6)$$

(3)配合:是指公称尺寸相同、相互结合的孔和轴公差带之间的关系。配合的3种类型为间隙配合、过渡配合和过盈配合。

①间隙配合:孔的公差带在轴的公差带之上(包括最小间隙等于零的情况)。

最大间隙:

$$X_{max} = D_{max} - d_{min} = ES - ei \qquad (2.7)$$

最小间隙:

$$X_{min} = D_{min} - d_{max} = EI - es \qquad (2.8)$$

平均间隙:

$$X_{av} = \frac{X_{max} + X_{min}}{2} \qquad (2.9)$$

②过盈配合:孔的公差带在轴的公差带之下(包括最小过盈等于零的情况)。

最大过盈:

$$Y_{max} = D_{min} - d_{max} = EI - es \qquad (2.10)$$

最小过盈:

$$Y_{min} = D_{max} - d_{min} = ES - ei \qquad (2.11)$$

平均过盈:

$$Y_{av} = \frac{Y_{max} + Y_{min}}{2} \qquad (2.12)$$

③过渡配合:孔、轴公差带重叠。

最大间隙:

$$X_{\max}=D_{\max}-d_{\min}=\text{ES}-\text{ei} \tag{2.13}$$

最大过盈:

$$Y_{\max}=D_{\min}-d_{\max}=\text{EI}-\text{es} \tag{2.14}$$

平均间隙或最大过盈:

$$X_{av}(Y_{av})=\frac{X_{\max}+Y_{\max}}{2} \tag{2.15}$$

(4)配合公差(T_f):允许间隙或过盈的变动量,表明配合后的配合精度,见下式。

$$\begin{aligned}T_f &= |X_{\max}-X_{\min}| \\ &= |Y_{\min}-Y_{\max}| \\ &= |X_{\max}-Y_{\max}| \\ &= |X_{\max}(Y_{\min})-X_{\min}(Y_{\max})| \\ &= |(\text{ES}-\text{ei})-(\text{EI}-\text{es})| \\ &= |(\text{ES}-\text{EI})+(\text{es}-\text{ei})| \\ &= T_D+T_d \end{aligned} \tag{2.16}$$

3. 配合制、标准公差系列和基本偏差系列

(1)配合制。

配合制分为基孔制和基轴制两种。

①基孔制:基本偏差为一定的孔的公差带,与不同基本偏差的轴的公差带形成各种配合的一种制度。基孔制配合的孔为基准孔,其代号为 H。基准孔公差带的基本偏差为 EI=0。

②基轴制:基本偏差为一定的轴的公差带,与不同基本偏差的孔的公差带形成各种配合的一种制度。基轴制配合的轴为基准轴,其代号为 h。基准轴公差带的基本偏差为 es=0。

(2)标准公差系列(standard tolerance)。

标准公差系列是《极限与配合》国家标准制定的一系列标准公差数值,用于确定公差带大小的标准化,数值由公差等级和孔、轴公称尺寸确定,表示加工的难易程度。《产品几何技术规范(GPS)极限与配合 第1部分:公差、偏差和配合的基础》(GB/T 1800.1—2009)规定的公差等级(IT-ISO tolerance)见表2.1。

表2.1 标准公差等级

尺寸范围/mm	等级	等级个数
0~500	IT01,IT0,IT1,…,IT18	20
500~3 150	IT1,IT2,…,IT18	18

学会通过查 GB/T 1800.1—2009 标准公差数值表(表2.2),获取标准公差数值。

表2.2 标准公差数值表(摘自 GB/T 1800.1—2009)

公称尺寸/mm		标准公差等级																
		IT1	IT2	IT3	IT4	IT5	IT6	IT7	IT8	IT9	IT10	IT11	IT12	IT13	IT14	IT15	IT16	IT17	IT18
大于	至	标准公差/μm											标准公差/mm						
—	3	0.8	1.2	2	3	4	6	10	14	25	40	60	0.1	0.14	0.25	0.4	0.6	1	1.4
3	6	1	1.5	2.5	4	5	8	12	18	30	48	75	0.12	0.18	0.3	0.48	0.75	1.2	1.8
6	10	1	1.5	2.5	4	6	9	15	22	36	58	90	0.15	0.22	0.36	0.58	0.9	1.5	2.2
10	18	1.2	2	3	5	8	11	18	27	43	70	110	0.18	0.27	0.43	0.7	1.1	1.8	2.7
18	30	1.5	2.5	4	6	9	13	21	33	52	84	130	0.21	0.33	0.52	0.84	1.3	2.1	3.3
30	50	1.5	2.5	4	7	11	16	25	39	62	100	160	0.25	0.39	0.62	1	1.6	2.5	3.9
50	80	2	3	5	8	13	19	30	46	74	120	190	0.3	0.46	0.74	1.2	1.9	3	4.6
80	120	2.5	4	6	10	15	22	35	54	87	140	220	0.35	0.54	0.87	1.4	2.2	3.5	5.4
120	180	3.5	5	8	12	18	25	40	63	100	160	250	0.4	0.63	1	1.6	2.5	4	6.3
180	250	4.5	7	10	14	20	29	46	72	115	185	290	0.46	0.72	1.15	1.85	2.9	4.6	7.2
250	315	6	8	12	16	23	32	52	81	130	210	320	0.52	0.81	1.3	2.1	3.2	5.2	8.1
315	400	7	9	13	18	25	36	57	89	140	230	360	0.57	0.89	1.4	2.3	3.6	5.7	8.9
400	500	8	10	15	20	27	40	63	97	155	250	400	0.63	0.97	1.55	2.5	4	6.3	9.7

注:基本尺寸小于或等于1 mm时,无IT14至IT18

(3)基本偏差系列(fundamental deviation)。

基本偏差系列:确定公差带相对零线位置的极限偏差,一般为靠近零线或位于零线的极限偏差,用于确定公差带位置标准化。

基本偏差代号:基本偏差是用来确定公差带相对于零线位置的,各种位置的公差带与基准将形成不同的配合。因此,有一种基本偏差,就会有一种配合,即配合种类的多少取决于基本偏差的数量。兼顾满足各种松紧程度不同的配合需求和尽量减少配合种类,国家标准对孔、轴分别规定了28种基本偏差,分别用大、小写拉丁字母表示。26个字母中去掉5个容易与其他参数相混淆的字母 I、L、O、Q、W(i、l、o、q、w),加上7个双写字母 CD、EF、FG、JS、ZA、ZB、ZC(cd、ef、fg、js、za、zb、zc),就形成了28种基本偏差代号,反映公差带的28个位置,构成了基本偏差系列,如图2.3所示。

学会从国家标准 GB/T 1800.1—2009 的孔、轴基本偏差数值表中直接查取孔、轴的基本偏差数值。表2.3和表2.4分别摘录了公称尺寸不大于500 mm的轴和孔的基本偏差数值。

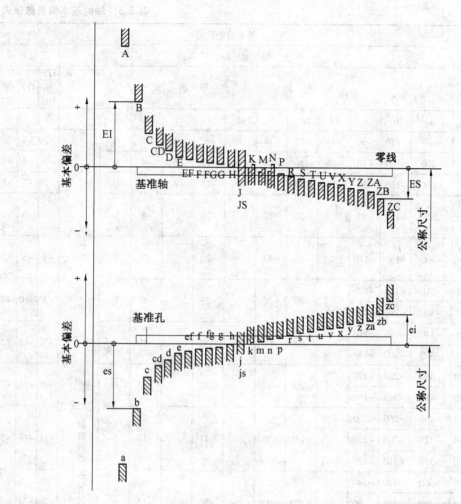

图 2.3 基本偏差系列

表 2.3 轴的基本偏差数值表

公称尺寸/mm		基本偏差数值											下偏差 ei		
		上偏差 es											IT5和IT6	IT7	IT4至IT7
		所有标准公差等级													
大于	至	a	b	c	cd	d	e	ef	f	fg	g	h	js	j	j	k
—	3	−270	−140	−60	−34	−20	−14	−10	−6	−4	−2	0		−2	−4	0
3	6	−270	−140	−70	−46	−30	−20	−14	−10	−6	−4	0		−2	−4	+1
6	10	−280	−150	−80	−56	−40	−25	−18	−13	−8	−5	0		−2	−5	+1
10	14	−290	−150	−95		−50	−32		−16		−6	0	偏差=±ITn/2,式中ITn是值数	−3	−6	+1
14	18															
18	24	−300	−160	−110		−65	−40		−20		−7	0		−4	−8	+2
24	30															
30	40	−310	−170	−120		−80	−50		−25		−9	0		−5	−10	+2
40	50	−320	−180	−130												
50	65	−340	−190	−140		−100	−60		−30		−10	0		−7	−12	+2
65	80	−360	−200	−150												
80	100	−380	−220	−170		−120	−72		−36		−12	0		−9	−15	+3
100	120	−410	−240	−180												
120	140	−460	−260	−200		−145	−85		−43		−14	0		−11	−18	+3
140	160	−520	−280	−210												
160	180	−580	−310	−230												
180	200	−660	−340	−240		−170	−100		−50		−15	0		−13	−21	+4
200	225	−740	−380	−260												
225	250	−820	−420	−280												
250	280	−920	−480	−300		−190	−110		−56		−17	0		−16	−26	+4
280	315	−1 050	−540	−330												
315	355	−1 200	−600	−360		−210	−125		−62		−18	0		−18	−28	+4
355	400	−1 350	−680	−400												
400	450	−1 500	−760	−440		−230	−135		−68		−20	0		−20	−32	+5
450	500	−1 650	−840	−480												

注:①公称尺寸小于或等于 1 mm 时,基本偏差 a 和 b 均不采用。

②公差带 js7 至 js11,若 IT 值数是奇数,则取偏差 $=\pm\dfrac{ITn-1}{2}$

第2章 尺寸精度设计

(摘自 GB/T 1800.1—2009) μm

					偏 差 数 值								
					下 偏 差 ei								
≤IT3 >IT7					所有标准公差等级								
k	m	n	p	r	s	t	u	v	x	y	z	za	zb	zc
0	+2	+4	+6	+10	+14		+18		+20		+26	+32	+40	+50
0	+4	+8	+12	+15	+19		+23		+28		+35	42	+50	+80
0	+6	+10	+15	+19	+23		+28		+34		+42	+52	+67	+97
0	+7	+12	+18	+23	+28		+33	+40	+50	+64	+90	+130		
								+39	+45		+60	+77	+108	+150
0	+8	+15	+22	+28	+35		+41	+47	+54	+63	+73	+98	+136	+108
							+41	+48	+55	+64	+75	+88	+118	+160	+218
0	+9	+17	+26	+34	+43		+48	+60	+68	+80	+94	+112	+148	+200	+274
							+54	+70	+81	+97	+114	+136	+180	+242	+325
0	+11	+20	+32	+41	+53		+66	+87	+102	+122	+144	+172	+226	+300	+405
							+43	+59	+75	+102	+120	+146	+174	+210	+274	+360	+480
0	+13	+23	+37	+51	+71	+91	+124	+146	+178	+214	+258	+335	+445	+585
					+54	+79	+104	+144	+172	+210	+254	+310	+400	+525	+690
0	+15	+27	+43	+63	+92	+122	+170	+202	+248	+300	+365	+470	+620	+800
					+65	+100	+134	+190	+228	+280	+340	+415	+535	+700	+900
					+68	+108	+146	+210	+252	+310	+380	+465	+600	+780	+1 000
0	+17	+31	+50	+77	+122	+166	+236	+284	+350	+425	+520	+670	+880	+1 150
					+80	+130	+180	+258	+310	+385	+470	+575	+740	+960	+1 250
					+84	+140	+196	+284	+340	+425	+520	+640	+820	+1 050	+1 350
0	+20	+34	+56	+94	+158	+218	+315	+385	+475	+580	+710	+920	+1 200	+1 550
					+98	+170	+240	+350	+425	+525	+650	+790	+1 000	+1 300	+1 700
0	+21	+37	+62	+108	+190	+268	+390	+475	+590	+730	+900	+1 150	+1 500	+1 900
					+114	+208	+294	+435	+530	+660	+820	+1 000	+1 300	+1 650	+2 100
0	+23	+40	+68	+126	+232	+330	+490	+595	+740	+920	+1 100	+1 450	+1 850	+2 400
					+132	+252	+360	+540	+660	+820	+1 000	+1 250	+1 600	+2 100	2 600

表2.4 孔的基本偏差数值表

公称尺寸/mm		基本偏差																	
		下偏差 EI										上偏差 ES							
		所有标准公差等级										IT6	IT7	IT8	≤IT8	>IT8	≤IT8	>IT8	≤IT8	>IT8
大于	至	A	B	C	CD	D	E	EF	F	FG	G	H	JS	J			K		M		N
—	3	+270	+140	+60	+34	+20	+14	+10	+6	+4	+2	0		+2	+4	+6	0	0	−2	−2	−4	−4
3	6	+270	+140	+70	+46	+30	+20	+14	+10	+6	+4	0		+5	+6	+10	−1+Δ		−4+Δ	−4	−8+Δ	0
6	10	+280	+150	+80	+56	+40	+25	+18	+13	+8	+5	0		+5	+8	+12	−1+Δ		−6+Δ	−6	−10+Δ	0
10	14	+290	+150	+95		+50	+32		+16		+6	0	偏差=±ITn/2,式中ITn是值数	+6	+10	+15	−1+Δ		−7+Δ	−7	−12+Δ	0
14	18																					
18	24	+300	+160	+110		+65	+40		+20		+7	0		+8	+12	+20	−2+Δ		−8+Δ	−8	−15+Δ	0
24	30																					
30	40	+310	+170	+120		+80	+50		+25		+9	0		+10	+14	+24	−2+Δ		−9+Δ	−9	−17+Δ	0
40	50	+320	+180	+130																		
50	65	+340	+190	+140		+100	+60		+30		+10	0		+13	+18	+28	−2+Δ		−11+Δ	−11	−20+Δ	0
65	80	+360	+200	+150																		
80	100	+380	+220	+170		+120	+72		+36		+12	0		+16	+22	+34	−3+Δ		−13+Δ	−13	−23+Δ	0
100	120	+410	+240	+180																		
120	140	+460	+260	+200		+145	+85		+43		+14	0		+18	+26	+41	−3+Δ		−15+Δ	−15	−27+Δ	0
140	160	+520	+280	+210																		
160	180	+580	+310	+230																		
180	200	+660	+310	+240		+170	+100		+50		+15	0		+22	+30	+47	−4+Δ		−17+Δ	−17	−31+Δ	0
200	225	+740	+380	+260																		
225	250	+820	+420	+280																		
250	280	+920	+480	+300		+190	+110		+56		+17	0		+25	+36	+55	−4+Δ		−20+Δ	−20	−34+Δ	0
280	315	+1 050	+540	+330																		
315	355	+1 200	+600	+360		+210	+125		+62		+18	0		+29	+39	+60	−4+Δ		−21+Δ	−21	−37+Δ	0
355	400	+1 350	+680	+400																		
400	450	+1 500	+760	+440		+230	+135		+68		+20	0		+33	+43	+66	−5+Δ		−23+Δ	−23	−40+Δ	0
450	500	+1 650	+840	+480																		

注：① 公称尺寸小于或等于1 mm时，基本偏差A和B及大于IT8的N均不采用
② 公差带JS7至JS11，若ITn值是奇数，则取偏差=±$\frac{ITn-1}{2}$
③ 对小于或等于IT8的K、M、N和小于或等于IT7的P至ZC，所属Δ值从表内右侧选取。例如：18至30 mm段的K7；Δ=8 μm，所以ES=−2+8=+6 μm；18至30 mm段的S6，Δ=4 μm，所以ES=−35+4=−31 μm
④ 特殊情况：250 mm至315 mm段的M6，ES=−9 μm(代替−11 μm)

第2章 尺寸精度设计

(摘自 GB/T1800.1—2009)   μm

基本偏差数值												Δ值					
上偏差 ES																	
≤IT7	标准公差等级大于IT7											标准公差等级					
P至ZC	P	R	S	T	U	V	X	Y	Z	ZA	ZB	ZC	IT3	IT4	IT5	IT6	IT7	IT8
	−6	−10	−14		−18		−20		−26	−32	−40	−60	0	0	0	0	0	0
	−12	−15	−19		−23		−28		−35	−42	−50	−80	1	1.5	1	3	4	6
	−15	−19	−23		−28		−34		−42	−52	−67	−97	1	1.5	2	3	6	7
	−18	−23	−28		−33		−40		−50	−64	−90	−130	1	2	3	3	7	9
							−39	−45		−60	−77	−108	−150						
	−22	−28	−35		−41	−47	−54	−63	−73	−98	−136	−188	1.5	2	3	4	8	12
				−41	−48	−55	−64	−75	−88	−118	−160	−218						
	−26	−34	−43	−48	−60	−68	−80	−94	−112	−148	−200	−274	1.5	3	4	5	9	14
				−54	−70	−81	−97	−114	−136	−180	−242	−325						
	−32	−41	−53	−66	−87	−102	−122	−144	−172	−226	−300	−405	2	3	5	6	11	16
在大于IT7的相应数值上增加一个Δ值		−43	−59	−75	−102	−120	−146	−174	−210	−274	−360	−480						
	−37	−51	−71	−91	−124	−146	−178	−214	−258	−335	−445	−585	2	4	5	7	13	19
		−54	−79	−104	−144	−172	−210	−254	−310	−400	−525	−690						
		−63	−92	−122	−170	−202	−248	−300	−365	−470	−620	−800						
	−43	−65	−100	−134	−190	−228	−280	−340	−415	−535	−700	−900	3	4	6	7	15	23
		−68	−108	−146	−210	−2152	−310	−380	−465	−600	−780	−1 000						
		−77	−122	−165	−236	−284	−350	−425	−520	−670	−880	−1 150						
	−50	−80	−130	−180	−258	−310	−385	−470	−575	−740	−960	−1 250	3	4	6	9	17	26
		−84	−140	−196	−284	−340	−425	−520	−640	−820	−1 050	−1 350						
		−94	−158	−218	−315	−385	−475	−580	−710	−920	−1 200	−1 550						
	−56	−98	−170	−240	−350	−425	−525	−650	−790	−1 000	−1 300	−1 700	4	4	7	9	20	29
		−108	−190	−268	−390	−475	−590	−730	−900	−1 150	−1 500	−1 900						
	−62	−114	−208	−294	−435	−530	−660	−820	−1 000	−1 300	−1 650	−2 100	4	5	7	11	21	32
		−126	−232	−330	−490	−595	−740	−920	−1 100	−1 450	−1 850	−2 400						
	−68	−132	−252	−360	−540	−660	−820	−1 000	−1 250	−1 600	−2 109	−2 600	5	5	7	13	23	34

(4) 基本偏差的规律。

① 对孔(轴):A~H 基本偏差为 EI;a~h 基本偏差为 es;J~ZC 基本偏差为 ES;j~zc 基本偏差为 ei。

② 对 H(h):H 基本偏差为 EI=0,h 基本偏差为 es=0。

③ JS(js):基本偏差对称 JS(js)=$\pm\dfrac{ITn}{2}$,若 n 为 7~11 级,ITn 值为奇数时,JS(js)=$\pm\dfrac{ITn-1}{2}$。

④ J(j):基本偏差近似对称,将要由 JS(js)代替。对 J 仅保留 J6、J7、J8(3 个公差带),对 j 仅保留 j5、j6、j7(3 个公差带)。

⑤ 除 JS、K、M、N、js、k 外基本偏差原则上与标准公差无关。

(5) 各种基本偏差形成配合的规律。

① A~H 与 h(a~h 与 H) 形成 11 种间隙配合,其中 A 与 h(a 与 H)形成的配合间隙最大;其后,间隙依次减小。

② JS、J、K、M、N 与 h(js、j~n 与 H) 形成 5 种过渡配合,其中 JS 与 h(js 与 H)形成配合较松,获得间隙概率较大;其后依次变紧。

③ P~ZC 与 h(p~zc 与 H)形成 12 种过盈配合,其中 P 与 h(p 与 H)形成的配合过盈最小;其后,过盈依次增大。

(6) 孔、轴基本偏差对应关系。

孔、轴的基本偏差之间存在以下两种换算规则。

①通用规则:同名代号孔、轴的基本偏差的绝对值相等,符号相反,互为相反数。即

$$EI=-es \qquad (2.17)$$

$$ES=-ei \qquad (2.18)$$

通用规则的应用范围:a. 对于 A~H,无论孔、轴的公差等级是否相同均适用;b. 对于 K、M、N,公称尺寸大于 3 mm 至 500 mm,标准公差等级低于 IT8(但大于 3 mm 至 500 mm 的 N 除外,其基本偏差 ES=0);c. 对于 P~ZC 的孔,公称尺寸大于 3 mm 至 500 mm,标准公差等级低于 IT7(≥IT8)。

②特殊规则:

a. 孔、轴的基本偏差的符号相反,绝对值相差一个 Δ 值。孔、轴的基本偏差的换算规则如图 2.4 所示。

$$ES=-ei+\Delta \qquad (2.19)$$

Δ 值为孔的公差等级 n 比轴的公差等级($n-1$)低一级时,两者标准公差值的差值,即

$$\Delta=ITn-IT(n-1) \qquad (2.20)$$

式中,ITn、IT($n-1$)是指公称尺寸段内某一级和比它高一级的标准公差值。

特殊规则的应用范围仅为:公称尺寸大于 3 mm、标准公差等级高于或等于 IT8(即 ≤IT8)的 K、M、N 和标准公差等级高于或等于 IT7(≤IT7)的 P 到 ZC。这是考虑到孔、轴工艺上的等价性,也是国家标准规定 IT6、IT7、IT8 级的孔分别和 IT5、IT6、IT7 级的轴相配合的缘故。

b. 公称尺寸为 3~500 mm,标准公差等级>IT8 的 N 的基本偏差 ES=0。

(7)总装图和零件图上的标注。

①零件图上标注方法:公称尺寸+公差带(或+极限偏差),例如:

$$32H7, 80js6, \phi 50^{+0.039}_{0}, \phi 50f7 \binom{-0.025}{-0.050}$$

②装配图:公称尺寸+配合代号,例如:

$$\phi 16 \frac{H7}{g6}, \phi 16 \frac{H7}{g6} \binom{+0.018}{-0.006}_{-0.017}$$

另一方面,学会读懂图纸上的尺寸公差标注,$\phi 16H7/g6$ 表示公称尺寸为 16 mm 的孔轴采用基孔制的间隙配合,其中孔的公差带为 H7,轴的公差带为 g6。

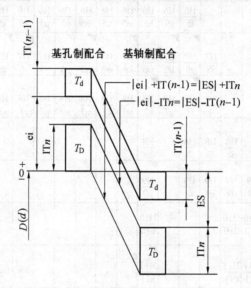

图 2.4 孔、轴的基本偏差的换算

4. 尺寸精度设计的内容及基本方法

(1)配合制的选用。

一般情况下应优先选用基孔制,但在下列情况下应选基轴制:采用 IT9~IT11 的冷拉钢材直接做轴,常应用在农业、纺织机械中;直径小于 1 mm 光轧成型的精密轴,常应用在精密机械、仪器仪表、无线电工程中;因为结构上的需要,常应用于一轴与多孔配合,且配合性质不同的情况。与标准零、部件配合,以标准件为基准,在特殊情况下也可采用非基准制。

(2)标准公差等级的选用。

选用原则:在充分满足使用条件的情况下,考虑工艺的可能性,应尽量选用精度较低的公差等级。

选用方法:常用类比法和计算查表法。配合件精度要匹配,过渡、过盈配合的公差等级不能过低,一般情况轴的标准公差不低于 7 级,孔的标准公差不低于 8 级,且轴比孔高一级;小间隙配合的精度等级应该高些,例如 H7/f6;大间隙配合的精度等级可以低些,且孔轴可以同级精度,例如 H12/b12。对于非基准制配合,在零件的使用性能要求不高时,标准公差可以降低 2、3 级。

(3) 配合的选用。

① 配合类别的选用：配合表面有相对运动采用间隙配合；无相对运动且同轴度要求不高也采用间隙配合；传递大扭矩，不能拆卸采用过盈配合；传递一定扭矩，能拆卸采用过渡配合。

② 配合种类的选用：优先选用标准的优先、常用配合，见表2.5～表2.7。

表 2.5 基孔制优先、常用配合

基准孔	轴																				
	a	b	c	d	e	f	g	h	js	k	m	n	p	r	s	t	u	v	x	y	z
	间隙配合								过渡配合				过	盈	配	合					
H6						$\frac{H6}{f5}$	$\frac{H6}{g5}$	$\frac{H6}{h5}$	$\frac{H6}{js5}$	$\frac{H6}{k5}$	$\frac{H6}{m5}$	$\frac{H6}{n5}$	$\frac{H6}{p5}$	$\frac{H6}{r5}$	$\frac{H6}{s5}$	$\frac{H6}{t5}$					
H7					$\frac{H7}{f5}$	$\frac{H7}{f6}$	$\frac{H7}{g6}$	$\frac{H7}{h6}$	$\frac{H7}{js6}$	$\frac{H7}{k6}$	$\frac{H7}{m6}$	$\frac{H7}{n6}$	$\frac{H7}{p6}$	$\frac{H7}{r6}$	$\frac{H7}{s6}$	$\frac{H7}{t6}$	$\frac{H7}{u6}$	$\frac{H7}{v6}$	$\frac{H7}{x6}$	$\frac{H7}{y6}$	$\frac{H7}{z6}$
H8					$\frac{H8}{e7}$	$\frac{H8}{f7}$	$\frac{H8}{g7}$	$\frac{H8}{h7}$	$\frac{H8}{js7}$	$\frac{H8}{k7}$	$\frac{H8}{m7}$	$\frac{H8}{n7}$	$\frac{H8}{p7}$	$\frac{H8}{r7}$	$\frac{H8}{s7}$	$\frac{H8}{t7}$	$\frac{H8}{u7}$				
				$\frac{H8}{d8}$	$\frac{H8}{e8}$	$\frac{H8}{f8}$		$\frac{H8}{h8}$													
H9			$\frac{H9}{c9}$	$\frac{H9}{d9}$	$\frac{H9}{e9}$	$\frac{H9}{f9}$		$\frac{H9}{h9}$													
H10			$\frac{H10}{c10}$	$\frac{H10}{d10}$				$\frac{H10}{h10}$													
H11	$\frac{H11}{a11}$	$\frac{H11}{b11}$	$\frac{H11}{c11}$	$\frac{H11}{d11}$				$\frac{H11}{h11}$													
H12		$\frac{H12}{b12}$						$\frac{H12}{h12}$													

注：① $\frac{H6}{n5}$、$\frac{H7}{p6}$ 在基本尺寸小于或等于 3 mm 和 $\frac{H8}{r7}$ 在基本尺寸小于或等于 100 mm 时，为过渡配合

② 标注 ▼ 的配合为优先配合

表 2.6 基轴制优先、常用配合

基准轴	孔																				
	A	B	C	D	E	F	G	H	JS	K	M	N	P	R	S	T	U	V	X	Y	Z
	间隙配合								过渡配合				过	盈	配	合					
h5						$\frac{F6}{h5}$	$\frac{G6}{h5}$	$\frac{H6}{h5}$	$\frac{JS6}{h5}$	$\frac{K6}{h5}$	$\frac{M6}{h5}$	$\frac{N6}{h5}$	$\frac{P6}{h5}$	$\frac{R6}{h5}$	$\frac{S6}{h5}$	$\frac{T6}{h5}$					
h6						$\frac{F7}{h6}$	$\frac{G7}{h6}$	$\frac{H7}{h6}$	$\frac{JS7}{h6}$	$\frac{K7}{h6}$	$\frac{M7}{h6}$	$\frac{N7}{h6}$	$\frac{P7}{h6}$	$\frac{R7}{h6}$	$\frac{S7}{h6}$	$\frac{T7}{h6}$	$\frac{U7}{h6}$				
h7					$\frac{E8}{h7}$	$\frac{F8}{h7}$		$\frac{H8}{h7}$	$\frac{JS8}{h7}$	$\frac{K8}{h7}$	$\frac{M8}{h7}$	$\frac{N8}{h7}$									
h8				$\frac{D8}{h9}$	$\frac{E8}{h8}$	$\frac{F8}{h8}$		$\frac{H8}{h8}$													

第 2 章 尺寸精度设计

续表 2.6

基准轴	孔																				
	A	B	C	D	E	F	G	H	JS	K	M	N	P	R	S	T	U	V	X	Y	Z
	间隙配合								过渡配合				过盈配合								
h9				D9/h9	E9/h9	F9/h9		H9/h9													
h10				D10/h10				H10/h10													
h11	A11/h11	B11/h11	C11/h11	D11/h11				H11/h11													
h12		B12/h12						H12/h12													

注:标注▼的配合为优先配合。常用47,优先13

表 2.7 优先配合的应用说明

优先配合		说　明
基孔制	基轴制	
H11/c11	C11/h11	间隙非常大,用于很松的、转动很慢的配合;要求大公差与间隙的外露组件;要求装配方便的、很松的配合
H9/d9	D9/h9	间隙很大的自由转动配合,用于公差等级不高时,或有大的温度变动、高转速或小的轴颈压力时
H8/f7	F8/h7	间隙不大的转动配合,用于中等转速与中等轴颈压力的精确转动;也用于较易装配的中等定位配合
H7/g6	G7/h6	间隙很小的滑动配合,用于不希望自由转动,但可自由移动和滑动并精密定位时;也可用于要求明确的定位配合
H7/h6 H8/h7 H9/h9 H11/h11	H7/h6 H8/h7 H9/h9 H11/h11	均为间隙定位配合,零件可自由装拆,而工作时一般相对静止不动。在最大实体条件下的间隙为零,在最小实体条件下的间隙由标准公差等级决定
H7/k6	K7/h6	过渡配合,用于精密定位
H7/n6	N7/h6	过渡配合,允许有较大过盈的更精密定位
H7/p6	P7/h6	过盈定位配合,即小过盈配合。用于定位精度特别重要时,能以最好的定位精度达到部件的刚性及对中性要求,而对内孔承受压力无特殊要求,不依靠配合的紧固件传递负荷
H7/s6	S7/h6	中等过盈配合。适用于一般钢件、薄壁件的冷缩配合或铸铁件可得到最紧的配合
H7/u6	U7/h6	过盈配合。适用于可以受高压力的零件或不宜承受大压力的冷缩配合

5. 未注尺寸公差的应用

线性尺寸未注公差按国家标准 GB/T 1804—2000 分为四级:f——精密级(≈IT12),m——中等级(≈IT14),c——粗糙级(≈IT16),v——最粗级(≈IT17),其数值见表2.8。

表 2.8 线性尺寸未注极限偏差数值表（摘自 GB/T 1804—2000）   mm

公差等级	尺寸分段							
	0.5～3	>3～6	>6～30	>30～120	>120～400	>400～1 000	>1 000～2 000	>2 000～4 000
f(精密级)	±0.05	±0.05	±0.1	±0.15	±0.2	±0.3	±0.5	—
m(中等级)	±0.1	±0.1	±0.2	±0.3	±0.5	±0.8	±1.2	±2
c(粗糙级)	±0.2	±0.3	±0.5	±0.8	±1.2	±2	±3	±4
v(最粗级)	—	±0.5	±1	±1.5	±2.5	±4	±6	±8

6. 尺寸精度设计的流程

尺寸精度设计流程如图 2.5 所示，首先确定基准制，根据孔轴配合的要求确定基准制，优先基孔制，如果轴的加工难度比孔大，例如精密轴系，则采用基轴制。然后确定公差等级，根据使用要求确定极限间隙或者过盈，计算出配合公差的范围，并合理分配给孔和轴的公差；通过查表确定孔和轴的标准公差等级。接着确定基本偏差代号，根据极限间隙或极限过盈建立基本偏差的不等式组，求解出基本偏差的范围，通过查表确定基本偏差代号。最后进行孔、轴优先配合的选择和判别。

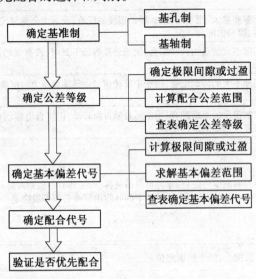

图 2.5 尺寸精度设计流程

2.2 例题解析

例题 2-1 已知 $D(d)=\phi25$ mm，$D_{max}=\phi25.021$ mm，$D_{min}=\phi25$ mm，$d_{max}=\phi24.980$ mm，$d_{min}=\phi24.967$ mm，求孔、轴的极限偏差和公差，用两种画法画出尺寸公差带图，并写出极限偏差在图样上的标注。

解答 (1) 尺寸的极限偏差、公差。

对于孔：$ES=D_{max}-D=+0.021$ mm，$EI=D_{min}-D=0$，$T_D=|D_{max}-D_{min}|=0.021$ mm，在图样上的标注为 $D=\phi25^{+0.021}_{0}$；

对于轴:es=d_{max}-d=-0.020 mm,ei=d_{min}-d=-0.033 mm,T_d=0.013 mm;

在图样上的标注为 d=$\phi 25_{-0.033}^{-0.020}$。

(2)尺寸公差带图如图2.6所示。

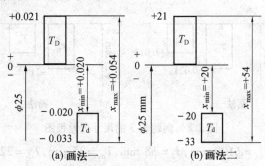

图2.6 例题2-1的尺寸公差带图

例题 2-2 请计算孔 $\phi 30_{0}^{+0.033}$ 分别与3种不同的轴 $\phi 30_{-0.041}^{-0.020}$、$\phi 30_{+0.048}^{+0.069}$、$\phi 30_{-0.008}^{+0.013}$ 的配合公差。

解答 (1)计算孔 $\phi 30_{0}^{+0.033}$ 与第一根轴 $\phi 30_{-0.041}^{-0.020}$ 形成的配合公差:T_{f_1} = T_D + T_{d_1} = 0.054 mm。

(2)计算孔 $\phi 30_{0}^{+0.033}$ 与第二根轴 $\phi 30_{+0.048}^{+0.069}$ 形成的配合公差:T_{f_2} = T_D + T_{d_2} = 0.054 mm。

(3)计算孔 $\phi 30_{0}^{+0.033}$ 与第三根轴 $\phi 30_{-0.008}^{+0.013}$ 形成的配合公差:T_{f_3} = T_D + T_{d_3} = 0.054 mm;
尺寸公差带图如图2.7所示。

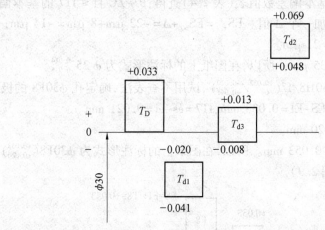

图2.7 例题2-2的尺寸公差带图

在基孔制(或基轴制)配合中,孔和轴的尺寸公差相同而使配合公差相同,但轴(或孔)的极限尺寸(偏差)不同而使配合性质完全不同;因此,孔、轴的尺寸精度决定配合精度,极限尺寸决定配合性质。

例题 2-3 已知 $D(d)$ = $\phi 25$ mm,X_{max} = +0.013 mm,Y_{max} = -0.021 mm,T_d = 0.013 mm,因结构需要采用基轴制。试求:ES、EI、es、ei 和 T_f,并画出尺寸公差带图。

解答 (1)基轴制,es=0,ei=es-T_d=-0.013 mm。

(2)因为 $X_{max} = ES - ei = +0.013$ mm,所以 $ES = 0$。

又因为 $Y_{max} = EI - es = -0.021$ mm,所以 $EI = -0.021$ mm;$T_f = T_D + T_d = 0.033$ mm。

(3)尺寸公差带图如图 2.8 所示。

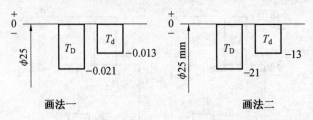

图 2.8 例题 2-3 的尺寸公差带图

例题 2-4 已知 $d_1 = \phi 100$ mm,$d_2 = \phi 8$ mm,$T_{d_1} = 35$ μm,$T_{d_2} = 22$ μm,确定两轴加工的难易程度。

解答 由标准公差数值表(表 2.2)查得 d_1 为 IT7,d_2 为 IT8;所以 d_2 比 d_1 的精度低,故 d_2 容易加工。

例题 2-5 查表确定孔 $\phi 30F8$ 的极限偏差,并写出在图纸上的标注形式。

解答 (1)查孔的基本偏差数值表(表 2.4),确定 F 基本偏差 $EI = +20$ μm;由标准公差数值表(表 2.2)查得 $IT8 = 33$ μm。

(2)$ES = EI + IT8 = +53$ μm。所以,在图纸上的标注形式为 $\phi 30^{+0.053}_{+0.020}$。

例题 2-6 查表确定孔 $\phi 25P7$ 的极限偏差。

解答 (1)由孔的基本偏差数值表(表 2.4)查得:P~ZC 且 ≤IT7 的基本偏差为在大于 IT7 的相应数值上增加一个 Δ 值。$ES_{\leq 7} = ES_{>7} + \Delta = -22$ μm $+ 8$ μm $= -14$ μm;

由表 2.2 查得 $IT7 = 21$ μm。

(2)$EI = ES - IT7 = -35$ μm。所以,在图纸上的标注形式为 $\phi 25^{-0.014}_{-0.035}$。

例题 2-7 已知 $\phi 30H8/f7 \binom{+0.033}{0} / \binom{-0.020}{-0.041}$,试用不查表法,确定孔 $\phi 30F8$ 的极限偏差。

解答 1 (1)$IT8 = ES - EI = 0.033$ mm,$IT7 = es - ei = 0.021$ mm。

(2)$EI = -es = +0.020$ mm。

(3)$ES = EI + IT8 = +0.053$ mm。所以,在图纸上的标注形式为 $\phi 30F8\binom{+0.053}{+0.020}$。

解答 2 图解法(图 2.9)。

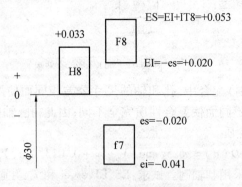

图 2.9 例题 2-7 的图解法

例题 2-8 已知 $\phi 25 \text{H}7/\text{p}6 ({}^{+0.021}_{0} / {}^{+0.035}_{+0.022})$，试用不查表法，确定孔 $\phi 25 \text{P}7$ 的极限偏差。

解答 1 （1）IT7 = ES − EI = 0.021 mm，IT6 = es − ei = 0.013 mm。

（2）从配合符号和公差等级可看出属于特殊规则换算。

（3）Δ = IT7 − IT6 = 0.008 mm；ES = −ei + Δ = −0.014 mm。

（4）EI = ES − IT7 = −0.035 mm。所以，在图纸上的标注形式为 $\phi 30 \text{P}7 ({}^{-0.014}_{-0.035})$。

解答 2 无论基孔制还是基轴制，同名孔、轴配合具有相同的配合性质。基孔制 H7/p6 和基轴制 P7/h6 具有相同的配合性质，即相同的极限过盈（或极限间隙），如图 2.10 所示。

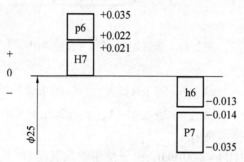

图 2.10 例题 2-8 的图解法

例题 2-9 已知 $D(d) = \phi 95$ mm，要求 $[X_{\max}] \leqslant +55$ μm，$[X_{\min}] \geqslant +10$ μm，请确定孔、轴公差等级。

解答 $[T_f] = |[X_{\max}] - [X_{\min}]| = 45$ μm $\geqslant T_D + T_d = \text{IT}n + \text{IT}(n-1)$；根据 $[T_f] = 45$ μm $\geqslant T_D + T_d$ 和 $D(d) = \phi 95$ mm，查标准公差数值表（表 2.2）得 IT5 = 15 μm，IT6 = 22 μm，IT7 = 35 μm。

按照孔必须比轴低一级的标准要求（考虑工艺等价），孔选 6 级，轴选 5 级。

$$T_f = 15 \text{ μm} + 22 \text{ μm} = 37 \text{ μm} < 45 \text{ μm}$$

符合要求的是 $T_D = \text{IT}6$，$T_d = \text{IT}5$。

例题 2-10 已知 $D(d) = \phi 40$ mm，要求极限间隙为 (+20 ~ +90) μm，若采用基孔制，求孔、轴公差带和配合代号，并画出尺寸公差带图。

解答 （1）确定基准制。

因为采用基孔制，所以孔的基本偏差为 H，且 EI = 0。

（2）确定孔、轴公差等级。

$$[T_f] = |[X_{\max}] - [X_{\min}]| = 70 \text{ μm} \geqslant T_D + T_d$$

所以 $T_D = \text{IT}8 = 39$ μm，$T_d = \text{IT}7 = 25$ μm。

（3）确定轴的基本偏差代号。

$$\begin{cases} X_{\max} = \text{ES} - \text{ei} \leqslant [X_{\max}] = +90 \text{ μm} \\ X_{\min} = \text{EI} - \text{es} \geqslant [X_{\min}] = +20 \text{ μm} \\ T_d = \text{es} - \text{ei} = 25 \text{ μm} \end{cases}$$

求解上式，可得到轴的基本偏差范围：-26 μm $\leqslant$ es $\leqslant -20$ μm；查取轴基本偏差数值表（表 2.3）得轴的基本偏差代号为 f，基本偏差为 es = −25 μm。

(4) 确定孔轴公差带分别为孔 H8 和轴 f7,配合公差为 φ40H8/f7。
(5) 公差带图如图 2.11 所示。

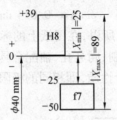

图 2.11 例题 2-10 的尺寸公差带图

(6) 验证:
$$\begin{cases} X_{max} = +89 \ \mu m < [X_{max}] = +90 \ \mu m \\ X_{min} = +25 \ \mu m > [X_{min}] = +20 \ \mu m \end{cases}$$

所以设计结果满足技术要求。

例题 2-11 已知 $D(d) = \phi 60$ mm,由于使用要求其配合 $[Y_{min}] \leq -20$ μm,$[Y_{max}] \geq -55$ μm,若采用基轴制配合,试确定配合代号,并画出尺寸公差带图。

解答 (1) 由题意为基轴制配合,因此 es=0。
(2) 确定孔、轴公差等级。
$$[T_f] = |[Y_{min} - Y_{max}]| = +35 \ \mu m = T_D + T_d$$
由标准公差数值表得:$T_D = IT6 = 19$ μm,$T_d = IT5 = 13$ μm。
(3) 确定孔的基本偏差代号。
$$\begin{cases} Y_{min} = ES - ei \leq [Y_{min}] = -20 \ \mu m \\ Y_{max} = EI - es \geq [Y_{max}] = -55 \ \mu m \\ T_D = ES - EI = 19 \ \mu m \end{cases}$$

求解上式可得孔的基本偏差范围:-36 μm $\leq ES_{\leq 7} (= ES_{>7} + \Delta) \leq -33$ μm,其中 $\Delta = IT6 - IT5 = 6$ μm;或通过查孔的基本偏差数值表(表 2.4)获得,即 -42 μm $\leq ES_{>7} \leq -39$ μm;由孔的基本偏差数值表查得孔的基本偏差代号为 R;由孔的基本偏差数值表可知:对于>IT7 的 R,其 ES = -41 μm。所以 $\leq$IT7 的 R:ES = $-41 + \Delta = -35$ μm,EI = ES - IT6 = -54 μm。

(4) 配合代号为 φ60R6/h5。
(5) 尺寸公差带图如图 2.12 所示。
(6) 验证:
$$\begin{cases} Y_{max} = -54 \ \mu m > [Y_{max}] = -55 \ \mu m \\ Y_{min} = -22 \ \mu m < [Y_{min}] = -20 \ \mu m \end{cases}$$

所以设计结果满足技术要求。

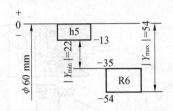

图 2.12 例题 2-11 的尺寸公差带图

例题 2-12 未注尺寸公差分几级？如果为精密级,应该在技术要求中如何标注？

解答 未注尺寸公差分为精密、中等、粗糙和最粗 4 级,分别用 f、m、c、v 表示;如果为精密级,在技术要求中标注为:未注尺寸公差按 GB/T 1804—f。

2.3 工程案例

案例 图 2.13 为某圆锥齿轮减速器。已知其所传递的功率为 100 kW,输入轴的转速为 750 r/min,稍有冲击,在中小型企业小批量生产。试选择以下几处配合的公差等级和配合代号:(1)联轴器 1 和输入端轴径 2;(2)带轮 8 和输出端轴径;(3)小圆锥齿轮 10 和轴径;(4)套杯 4 外径和箱体 6 座孔。

解答 由于上述配合均无特殊要求,因此优先选用基孔制。

(1)联轴器 1 是用精制螺栓联接的固定式刚性联轴器,为防止偏斜引起的附加载荷,要求对中性好。联轴器是中速轴上的重要配合件,无轴向附加定位装置,结构上要采用紧固件,故选用过渡配合 $\phi 40 H7/m6$ 或 $\phi 40 H7/n6$。

(2)带轮 8 和输出端轴径配合与上述配合比较,因为是挠性件(皮带)传动,故定心精度要求不高,且又有轴向定位件,为方便装卸,可选用 $\phi 50 H8/h7$ 或 $\phi 50 H8/h8$、$\phi 50 H8/js7$。本例选用 $\phi 50 H8/h8$。

(3)小圆锥齿轮 10 内孔和轴径的配合是影响齿轮传动的重要配合,内孔公差等级由齿轮精度决定。一般减速器齿轮精度为 7 级,查齿坯尺寸公差表(表 8.5),得到基准孔选用 7 级。对于传递载荷的齿轮和轴的配合,为保证齿轮的工作精度和啮合性能,要求准确对中,一般选用过渡配合加紧固件。可供选用的配合有 $\phi 45 H7/js6$、$\phi 45 H7/k6$、$\phi 45 H7/m6$、$\phi 45 H7/n6$,甚至 $\phi 45 H7/p6$、$\phi 45 H7/r6$。至于具体采用哪种配合,主要应结合装拆要求、载荷大小、有无冲击振动、转速高低、批量生产等因素综合考虑。此处为中速、中载、稍有冲击、小批量生产,故选用 $\phi 45 H7/k6$。

(4)套杯 4 外径和箱体 6 座孔的配合是影响齿轮传动性能的重要配合,该处的配合要求能准确定心。考虑到为调整圆锥齿轮间隙而需要轴向移动的要求,为方便调整,故选用最小间隙为零的间隙定位配合 $\phi 130 H7/h6$。

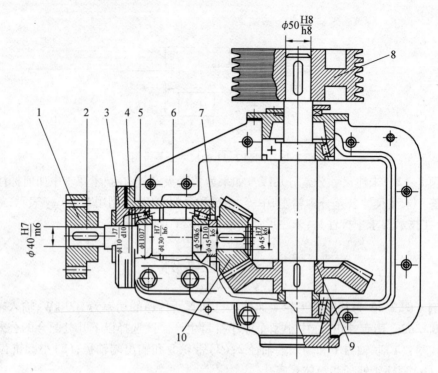

图 2.13　圆锥齿轮减速器
1—联轴器；2—输入端轴径；3—端盖；4—套杯；5—轴承座；6—箱体；7—调整垫片；
8—带轮；9—大圆锥齿轮；10—小圆锥齿轮

2.4　习题答案

习题 2-1　设某配合的孔径为 $\phi 50^{+0.039}_{0}$，轴径为 $\phi 50^{-0.039}_{-0.075}$，试分别计算以下参数：孔和轴的极限尺寸、孔和轴的尺寸公差、极限间隙（或极限过盈）、配合公差、画出尺寸公差带图，并说明其配合类别。

解答　（1）$D_{max}=\phi 50.039$ mm，$D_{min}=\phi 50.000$ mm；$d_{max}=\phi 49.961$ mm，$d_{min}=\phi 49.925$ mm。

（2）$T_D=|ES-EI|=0.039$ mm；$T_d=|es-ei|=0.036$ mm。

（3）$X_{max}=ES-ei=+0.114$ mm，$X_{min}=EI-es=+0.039$ mm。

（4）$T_f=T_D+T_d=0.075$ mm。

（5）尺寸公差带图如图 2.14 所示。

（6）该配合类别为间隙配合。

习题 2-2　设某配合的孔径、轴径分别为 $D=\phi 15^{+0.027}_{0}$、$d=\phi 15^{-0.016}_{-0.034}$，试分别计算其极限尺寸、极限偏差、尺寸公差、极限间隙（或极限过盈）、平均间隙（或平均过盈）和配合公差，并画出尺寸公差带图。

解答　（1）$D_{max}=D+ES=\phi 15.027$ mm，$D_{min}=D+EI=\phi 15$ mm；$d_{max}=d+es=$

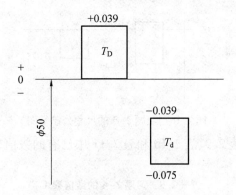

图 2.14 习题 2-1 的尺寸公差带图

$\phi14.984$ mm，$d_{\min}=d+\text{ei}=\phi14.966$ mm。

(2) $T_D=|\text{ES}-\text{EI}|=0.027$ mm，$T_d=|\text{es}-\text{ei}|=0.018$ mm。

(3) $X_{\max}=\text{ES}-\text{ei}=+0.061$ mm，$X_{\min}=\text{EI}-\text{es}=+0.016$ mm。

$X_{\text{av}}=(X_{\max}+X_{\min})/2=+0.0385$ mm。

(4) $T_f=T_D+T_d=0.045$ mm。

(5) 尺寸公差带图如图 2.15 所示。

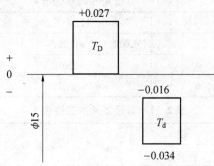

图 2.15 习题 2-2 的尺寸公差带图

(6) 该配合类别为间隙配合。

习题 2-3 设某配合的孔径、轴径分别为 $D=\phi 45^{+0.005}_{-0.034}$，$d=\phi 45^{0}_{-0.025}$，试分别计算其极限尺寸、极限偏差、尺寸公差、极限间隙（或极限过盈）、平均间隙（或平均过盈）和配合公差，并画出尺寸公差带图，并说明其配合类别。

解答 (1) $D_{\max}=D+\text{ES}=\phi45.005$ mm，$D_{\min}=D+\text{EI}=\phi44.966$ mm；$d_{\max}=d+\text{es}=\phi45$ mm，$d_{\min}=d+\text{ei}=\phi44.975$ mm。

(2) $T_D=|\text{ES}-\text{EI}|=0.039$ mm，$T_d=|\text{es}-\text{ei}|=0.025$ mm。

(3) $X_{\max}=\text{ES}-\text{ei}=+0.03$ mm，$Y_{\max}=\text{EI}-\text{es}=-0.034$ mm。由于 $|X_{\max}|<|Y_{\max}|$，平均过盈 $Y_{\text{av}}=\dfrac{1}{2}(X_{\max}+Y_{\max})=-0.002$ mm。

(4) $T_f=T_D+T_d=0.064$ mm。

(5) 尺寸公差带图如图 2.16 所示。

(6) 该配合类别为过渡配合。

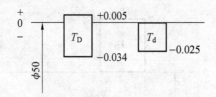

图 2.16 习题 2-3 的尺寸公差带图

习题 2-4 试根据表 2.9、表 2.10 和表 2.11 中已有的数值,计算并填写空格中的数值。

表 2.9 习题 2-4 的数值表 1   mm

序号	公差标注	公称尺寸	极限尺寸		极限偏差		公差
			上极限尺寸	下极限尺寸	上偏差	下偏差	
1	孔 $\phi 40^{+0.039}_{0}$						
2	轴		$\phi 60.041$			+0.011	
3	孔	$\phi 15$			+0.017		0.011
4	轴	$\phi 90$		$\phi 89.978$			0.022

表 2.10 习题 2-4 的数值表 2   mm

公称尺寸	ES	EI	T_D	es	ei	T_d	X_{max} 或 Y_{min}	X_{min} 或 Y_{max}	X_{av} 或 Y_{av}	T_f
$\phi 10$		0				0.022	+0.057		+0.035	
$\phi 25$				0		0.013	+0.013	−0.021		
$\phi 30$			0.02	0			+0.023	−0.01		

表 2.11 习题 2-4 的数值表 3   mm

公称尺寸	孔			轴			X_{max} 或 Y_{min}	X_{min} 或 Y_{max}	X_{av} 或 Y_{av}	T_f	配合种类
	ES	EI	T_D	es	ei	T_d					
$\phi 50$		0				0.039	+0.103			0.078	
$\phi 25$			0.021	0		0.013		−0.048			
$\phi 80$			0.046	0	−0.03		+0.035				

解答 见表 2.12 ~ 表 2.14。

表 2.12 习题 2-4 的答案 1   mm

序号	公差标注	公称尺寸	极限尺寸		极限偏差		公差
			上极限尺寸	下极限尺寸	上极限偏差	下极限偏差	
1	孔 $\phi 40^{+0.039}_{0}$	$\phi 40$	$\phi 40.039$	$\phi 40$	+0.039	0	0.039
2	轴 $\phi 60^{+0.041}_{+0.011}$	$\phi 60$	$\phi 60.041$	$\phi 60.011$	+0.041	+0.011	0.03
3	孔 $\phi 15^{+0.017}_{+0.006}$	$\phi 15$	$\phi 15.017$	$\phi 15.006$	+0.017	+0.006	0.011
4	轴 $\phi 90^{0}_{-0.022}$	$\phi 90$	$\phi 90$	$\phi 89.978$	0	−0.022	0.022

第 2 章 尺寸精度设计

表 2.13 习题 2-4 的答案 2   mm

公称尺寸	ES	EI	T_D	es	ei	T_d	X_{max} 或 Y_{min}	X_{min} 或 Y_{max}	X_{av} 或 Y_{av}	T_f
φ10	+0.022	0	0.022	-0.013	-0.035	0.022	+0.057	+0.013	+0.035	0.044
φ25	0	-0.021	0.021	+0.013	0	0.013	+0.013	-0.021	-0.004	0.034
φ30	+0.01	-0.01	0.02	0	-0.013	0.013	+0.023	-0.01	+0.006 5	0.033

表 2.14 习题 2-4 的答案 3   mm

公称尺寸	孔			轴			X_{max} 或 Y_{min}	X_{min} 或 Y_{max}	X_{av} 或 Y_{av}	T_f	配合种类
	ES	EI	T_D	es	ei	T_d					
φ50	+0.039	0	0.039	-0.025	-0.064	0.039	+0.103	+0.025	+0.064	0.078	间隙配合
φ25	-0.027	-0.048	0.021	0	-0.013	0.013	-0.014	-0.048	-0.031	0.034	过盈配合
φ80	+0.005	-0.041	0.046	0	-0.03	0.03	+0.035	-0.041	-0.003	0.076	过渡配合

习题 2-5 某孔、轴配合，公称尺寸为 φ50 mm，孔公差为 IT8，轴公差为 IT7，已知孔的上偏差为 +0.039 mm，要求配合的最小间隙是 +0.009 mm，试确定孔、轴的上下偏差。

解答 ES = +0.039 mm, EI = 0 mm; es = -0.009 mm, ei = -0.034 mm。

习题 2-6 已知某孔轴配合的公称尺寸为 φ30 mm，最大间隙 X_{max} = +23 μm，最大过盈 Y_{max} = -10 μm，孔的尺寸公差 T_D = 20 μm，轴的上偏差 es = 0，试画出其尺寸公差带图。

解答 ES = +0.010 mm, EI = -0.010 mm; es = 0 mm, ei = -0.013 mm。尺寸公差带图如图 2.17 所示。

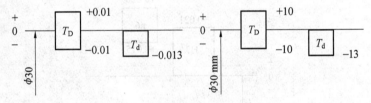

图 2.17 习题 2-6 的尺寸公差带图

习题 2-7 已知两根轴，其中 d_1 = φ5 mm，其公差值 T_{d1} = 5 μm；d_2 = φ180 mm，其公差值 T_{d2} = 25 μm。试比较以上两根轴加工的难易程度。

解答 查取表 2.2 得轴 1 的标准公差等级为 IT5，轴 2 的标准公差等级为 IT6；所以轴 1 比轴 2 的精度高，因此轴 1 比轴 2 难加工。

习题 2-8 应用标准公差表、基本偏差数值表查出下列公差带的上下偏差数值，并写出在零件图中采用极限偏差的标注形式。

（1）轴：①φ32d8，②φ70h11，③φ28k7，④φ80p6，⑤φ120v7；

（2）孔：①φ40C8，②φ300M6，③φ30JS6，④φ6J6，⑤φ35P8。

解答 （1）轴。

① φ32d8：es = 80 μm，ei = -119 μm，零件图标注形式为 $\phi 32_{-0.119}^{-0.080}$；

② φ70h11：es = 0 μm，ei = -190 μm，零件图标注形式为 $\phi 70_{-0.19}^{0}$；

③ φ28k7：ei = +2 μm，es = +23 μm，零件图标注形式为 $\phi 28_{+0.002}^{+0.023}$；

④$\phi 80p6$:$ei=+32$ μm,$es=+51$ μm,零件图标注形式为 $\phi 80^{+0.051}_{+0.032}$;

⑤$\phi 120v7$:$ei=+172$ μm,$es=+207$ μm,零件图标注形式为 $\phi 120^{+0.207}_{+0.172}$。

(2)孔。

① $\phi 40C8$:$EI=+120$ μm,$ES=+159$ μm,零件图标注形式为 $\phi 40^{+0.159}_{+0.120}$;

② $\phi 300M6$:$ES=-9$ μm,$EI=-41$ μm,零件图标注形式为 $\phi 300^{-0.009}_{-0.041}$;

③ $\phi 30JS6$:$ES=+6.5$ μm,$EI=-6.5$ μm,零件图标注形式为 $\phi 30\pm 0.0065$;

④$\phi 6J6$:$ES=+5$ μm,$EI=-3$ μm,零件图标注形式为 $\phi 6^{+0.005}_{-0.003}$;

⑤$\phi 35P8$:$ES=-26$ μm,$EI=-65$ μm,零件图标注形式为 $\phi 35^{-0.026}_{-0.065}$。

习题2-9 已知 $\phi 50H6/r5\left(^{+0.016}_{0}/^{+0.045}_{+0.034}\right)$ 和 $\phi 50H8/e7\left(^{+0.039}_{0}/^{-0.050}_{-0.075}\right)$。试不用查表法确定配合公差,IT5、IT6、IT7、IT8 的标准公差值和 $\phi 50e5$ 和 $\phi 50E8$ 的极限偏差。

解答 (1) $\phi 50H6/r5\left(^{+0.016}_{0}/^{+0.045}_{+0.034}\right)$ 的配合公差为 $T_f=0.027$ mm;$\phi 50H8/e7\left(^{+0.039}_{0}/^{-0.050}_{-0.075}\right)$ 的配合公差为 $T_f=0.064$ mm;

(2) $IT5=0.011$ mm;$IT6=0.016$ mm;$IT7=0.025$ mm;$IT8=0.039$ mm;

(3) $\phi 50e5$:$es=0.050$ mm,$ei=-0.061$ mm;$\phi 50E8$:$EI=+0.050$ mm,$ES=+0.089$ mm。

习题2-10 已知 $\phi 30N7\left(^{-0.007}_{-0.028}\right)$ 和 $\phi 30t6\left(^{+0.054}_{+0.041}\right)$。试不用查表法计算 $\phi 30H7/n6$ 与 $\phi 30T7/h6$ 的配合公差,并画出尺寸公差带图。

解答 $\phi 30H7/n6$ 的配合公差为 $T_f=T_D+T_d=0.034$ mm,尺寸公差带图如图2.18所示。

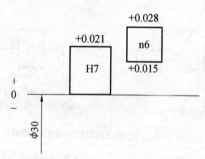

图 2.18 习题 2-10 的尺寸公差带图 1

$\phi 30T7/h6$ 的配合公差为 $T_f=T_D+T_d=0.034$ mm,尺寸公差带图如图 2.19 所示。

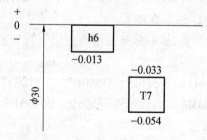

图 2.19 习题 2-10 的尺寸公差带图 2

习题2-11 试用标准公差和基本偏差数值表确定下列孔轴公差带代号。

(1)轴 $\phi 40^{+0.033}_{+0.017}$;(2)轴 $\phi 18^{+0.046}_{+0.028}$;(3)孔 $\phi 65^{-0.03}_{-0.06}$;(4)孔 $\phi 240^{+0.285}_{+0.170}$。

解答 (1) ϕ40n6;(2) ϕ40s7;(3) ϕ65R7;(4) ϕ240D9。

习题 2-12 设孔、轴的公称尺寸和使用要求如下:

(1) $D(d) = \phi35, X_{\max} \leq +120$ μm, $X_{\min} \leq +50$ μm;

(2) $D(d) = \phi40, Y_{\max} \geq -80$ μm, $Y_{\min} \leq -35$ μm;

(3) $D(d) = \phi60, X_{\max} \leq +50$ μm, $Y_{\max} \geq -32$ μm。

试确定以上各组的配合制、公差等级及其配合,并画出尺寸公差带图。

解答 (1) 优先选用基孔制, $T_D = $ IT8 $= 39$ μm, $T_d = $ IT7 $= 25$ μm;配合代号为 ϕ35H8/e7,尺寸公差带图如图 2.20 所示。

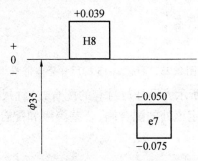

图 2.20 习题 2-12 的尺寸公差带图 1

(2) 优先基孔制, $T_D = $ IT7 $= 25$ μm, $T_d = $ IT6 $= 16$ μm;配合代号为 ϕ40H7/u6,尺寸公差带图如图 2.21 所示。

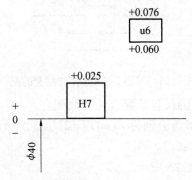

图 2.21 习题 2-12 的尺寸公差带图 2

(3) 优先基孔制, $T_D = $ IT8 $= 46$ μm, $T_d = $ IT7 $= 30$ μm,配合代号为 ϕ60H8/k7,尺寸公差带图如图 2.22 所示。

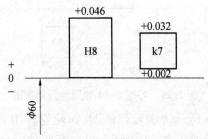

图 2.22 习题 2-12 的尺寸公差带图 3

习题 2-13 有一孔、轴配合,公称尺寸为 $\phi 80$ mm,要求配合的最大间隙允许值为 +0.029 mm,最大过盈允许值为 -0.022 mm,试用计算查表法选取适当的配合。

解答 (1)配合公差为 $\phi 80$H7/k6。
(2)尺寸公差带图如图 2.23 所示。

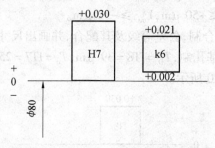

图 2.23 习题 2-13 的尺寸公差带图

习题 2-14 如图 2.24 所示为导杆与衬套的配合,公称尺寸为 $\phi 25$ mm,要求极限间隙范围为 +6 ~ +42 μm,试确定该处的配合制、公差等级和配合种类,写出配合代号,绘制尺寸公差带图。

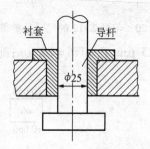

图 2.24 习题 2-14 导杆与衬套的配合

解答 (1)优先采用基孔制,且该配合为间隙配合。
(2)孔和轴的标准公差等级分别为 $T_D = $ IT7 $= 21$ μm,$T_d = $ IT6 $= 13$ μm。
(3)配合代号为 $\phi 25$H7/g6。
(4)尺寸公差带图如图 2.25 所示。

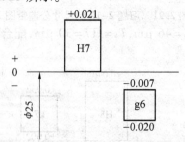

图 2.25 习题 2-14 的尺寸公差带图

习题 2-15 如图 2.26 所示为涡轮部件图,涡轮轮缘由青铜制成,而轮毂由铸铁制成。为了使轮缘和轮毂结合成一体,在设计上可以有两种结合形式。图 2.26(a)为螺钉紧固,图 2.26(b)为无螺钉紧固。若涡轮工作时承受负荷不大,且有一定的对中性要求,

试按类比法确定 ϕ90 和 ϕ120 处的配合。

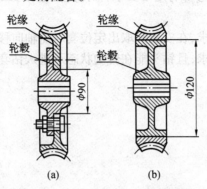

图 2.26　习题 2-15 涡轮部件图

解答　参照表 2.5 确定 ϕ90 和 ϕ120 处的配合分别为 $\phi\dfrac{90\text{H}7}{\text{m}6}$ 和 $\phi\dfrac{120\text{H}7}{\text{s}6}$（图 2.27）。

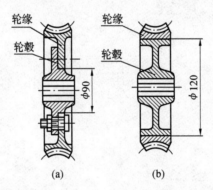

图 2.27　习题 2-15 涡轮部件图标注答案

习题 2-16　如图 2.28 所示，1 为钻模套，2、4 为钻头，3 为定位套，5 为工件。已知：
（1）配合面①和②都有定心要求，需用过盈量不大的固定联接；
（2）配合面③有定心要求，在安装和取出定位套时需轴向移动；
（3）配合面④有导向要求，且钻头能在转动状态下进入钻套。
试选择上述配合面的配合种类，并简述其理由。

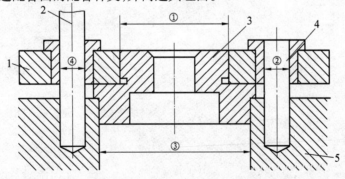

图 2.28　习题 2-16 钻模结构
1—钻模套；2、4—钻头；3—定位套；5—工件

解答 （1）配合面①和②都有定心要求，需用过盈量不大的固定联接，适合采用过盈配合；

（2）配合面③有定心要求，在安装和取出定位套时需轴向移动，适合过渡配合；

（3）配合面④有导向要求，且钻头能在转动状态下进入钻套，适合间隙配合。

第3章 几何精度设计

3.1 重难点讲解

几何精度设计是机械精度设计的第二个重要部分,也是本课程教学的重点和难点内容之一。本章需要掌握的重要知识点包括几何公差特征项目、几何公差标注、几何公差带、公差原则、几何精度设计。

1. 几何误差对零件质量的影响

(1) 影响零件的功能要求,例如机床导轨表面的直线度和平面度(影响机床刀架的运动精度)。

(2) 影响零件的配合性质,例如圆柱结合的间隙配合(圆柱表面的形状误差会加快相对转动的磨损,降低寿命和运动精度)。

(3) 影响零件的自由装配性,例如轴承盖上螺钉孔的位置不正确,用螺栓往机座紧固会影响其自由装配。

2. 几何公差的几何特征项目符号(表3.1)

表3.1 几何公差的几何特征和符号(摘自 GB/T1182—2008)

公差类型	几何特征	符号	有无基准
形状公差	直线度	━	无
	平面度	▱	无
	圆度	○	无
	圆柱度	⌭	无
	线轮廓度	⌒	无
	面轮廓度	⌓	无
方向公差	平行度	∥	有
	垂直度	⊥	有
	倾斜度	∠	有
	线轮廓度	⌒	有
	面轮廓度	⌓	有

续表 3.1

公差类型	几何特征	符号	有无基准
位置公差	位置度	⊕	有或无
	同心度（用于中心点）	◎	有
	同轴度（用于轴线）	◎	有
	对称度	⊜	有
	线轮廓度	⌒	有
	面轮廓度	⌒	有
跳动公差	圆跳动	↗	有
	全跳动	↗↗	有

3. 几何公差带含义及标注示例

（1）直线度公差带。

①给定平面内的直线度公差带,如图 3.1 所示。

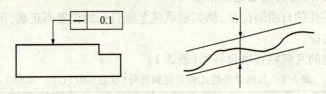

图 3.1 给定平面内的直线度的标注和公差带含义

给定平面内的直线度公差带为给定平面内和给定方向上,间距为公差值 0.1 mm 的两平行线所限定的区域。

②给定方向上的直线度公差带,如图 3.2 所示。

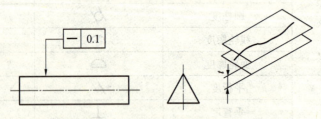

图 3.2 给定方向内的直线度的标注和公差带含义

给定方向上的直线度公差带为间距等于公差值 0.1 mm 的两平行平面所限定的区域。

③给定任意方向上（轴线）的直线度公差带,如图 3.3 所示。

轴线直线度公差带为直径等于公差值 $\phi 0.08$ mm 的圆柱面所限定的区域。

（2）平面度公差带,如图 3.4 所示。

平面度公差带为间距等于公差值 0.08 mm 的两平行平面所限定的区域。

（3）圆度公差带,如图 3.5 所示。

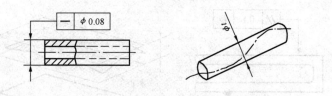

图 3.3　轴线直线度的标注和公差带含义

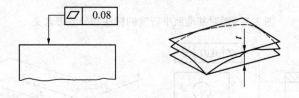

图 3.4　平面度的标注和公差带含义

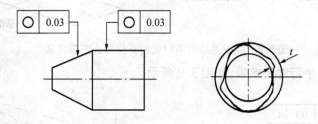

图 3.5　圆度的标注和公差带含义

圆度公差带为在给定横截面内,半径差等于公差值 0.03 mm 的两同心圆所限定的区域。

(4)圆柱度公差带,如图 3.6 所示。

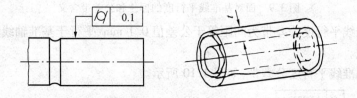

图 3.6　圆柱度的标注和公差带含义

圆柱度公差带为半径差等于公差值 0.1 mm 的两同轴圆柱面所限定的区域。

(5)平行度公差带。

①面对基准面平行度公差带,如图 3.7 所示。

面对基准面平行度公差带为间距等于公差值 0.1 mm、平行于基准平面的两平行平面所限定的区域。

②线对基准面平行度公差带,如图 3.8 所示。

线对基准面平行度公差带为平行于基准面、间距等于公差值 0.01 mm 的两平行平面所限定的区域。

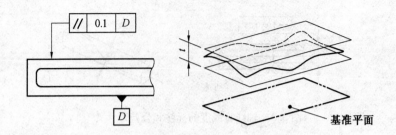

图 3.7 面对基准面平行度的标注和公差带含义

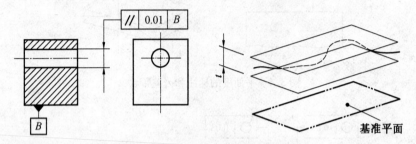

图 3.8 线对基准面平行度的标注和公差带含义

③面对基准线平行度公差带,如图 3.9 所示。

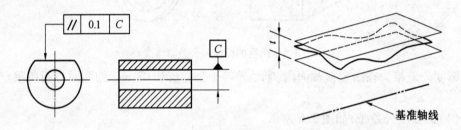

图 3.9 面对基准线平行度的标注和公差带含义

面对基准线平行度公差带为间距等于公差值 0.1 mm、平行于基准轴线的两平行平面所限定的区域。

④线对基准线平行度公差带,如图 3.10 所示。

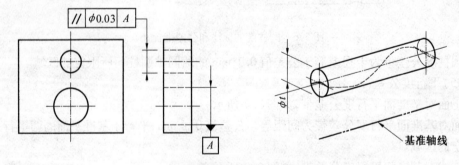

图 3.10 线对基准线平行度的标注和公差带含义

线对基准线公差带为平行于基准轴线、直径等于公差值 ϕ0.03 mm 的圆柱面所限定的区域。

(6) 垂直度公差带。

①面对基准面垂直度公差带,如图 3.11 所示。

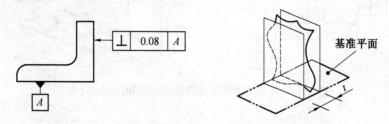

图 3.11　面对基准面垂直度的标注和公差带含义

面对基准面垂直度公差带为间距等于 0.08 mm、垂直于基准平面 A 的两平行平面之间的区域。

②面对基准线垂直度公差带,如图 3.12 所示。

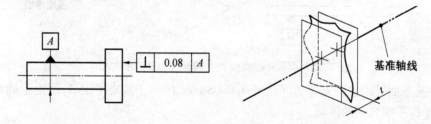

图 3.12　面对基准线垂直度的标注和公差带含义

面对基准线垂直度公差带为间距等于 0.08 mm、垂直于基准轴线 A 的两平行平面之间的区域。

③线对基准面垂直度公差带,如图 3.13 所示。

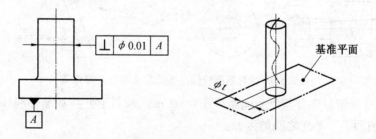

图 3.13　线对基准面垂直度的标注和公差带含义

线对基准面垂直度公差带为直径等于 $\phi 0.01$ mm、垂直于基准平面 A 的圆柱面所限定的区域。

④线对基准体系垂直度公差带,如图 3.14 所示。

线对基准体系垂直度公差带为间距等于 0.1 mm、垂直于基准平面 A、平行于基准平面 B 的两平行平面之间的区域。

(7) 倾斜度公差带。

①面对基准面倾斜度公差带,如图 3.15 所示。

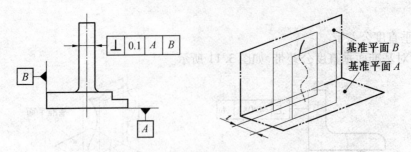

图 3.14 线对基准体系垂直度的标注和公差带含义

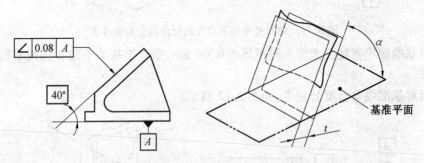

图 3.15 面对基准面倾斜度的标注和公差带含义

面对基准面倾斜度公差带为间距等于 0.08 mm、倾斜于基准平面 A,理论正确角度为 40°的两平行平面之间的区域。

②线对基准线倾斜度公差带,如图 3.16 所示。

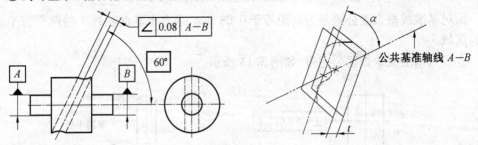

图 3.16 线对基准线倾斜度的标注和公差带含义

线对基准线倾斜度公差带为间距等于 0.08 mm、倾斜于公共基准轴线 $A-B$ 理论正确角度为 60°的两平行平面之间的区域。

(8)位置度公差带。

①点的位置度公差带,如图 3.17 所示。

点的位置度公差带为球心由基准平面 A、B、基准中心平面 C 和理论正确尺寸 30 mm、25 mm 确定,直径等于 $S\phi0.3$ mm 的圆球面所限定的区域。

②线的位置度公差带,如图 3.18 所示。

线的位置度公差带为间距等于 0.1 mm、对称于基准平面 A、B 和理论正确尺寸 25 mm、10 mm 确定的两平行平面之间的区域。

③面的位置度公差带,如图 3.19 所示。

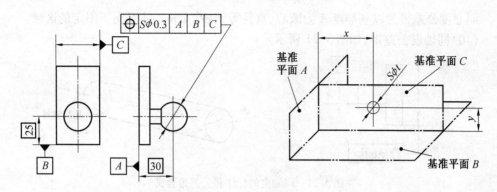

图 3.17 点的位置度的标注和公差带含义

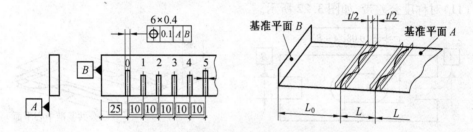

图 3.18 线的位置度的标注和公差带含义

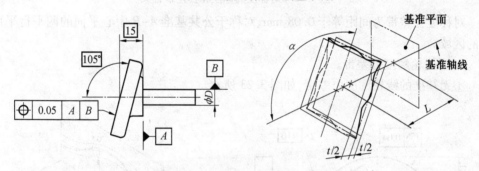

图 3.19 面的位置度的标注和公差带含义

面的位置度公差带为间距等于 0.05 mm、由基准平面 A、基准轴线 B 和理论正确尺寸 15 mm 及理论正确角度 105°确定的两平行平面之间的区域。

(9)同心度公差带,如图 3.20 所示。

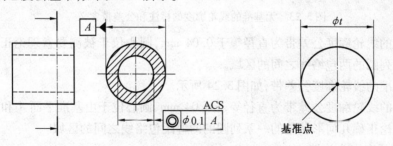

图 3.20 同心度的标注和公差带含义

同心度公差带为以基准点 A 为圆心、直径等于 $\phi 0.1$ mm 的圆周所限定的区域。
(10) 同轴度公差带,如图 3.21 所示。

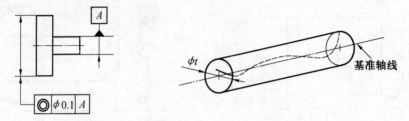

图 3.21　同轴度的标注和公差带含义

同轴度公差带为以基准轴线 A 为轴线、直径等于 $\phi 0.1$ mm 的圆柱面所限定的区域。
(11) 对称度公差带,如图 3.22 所示。

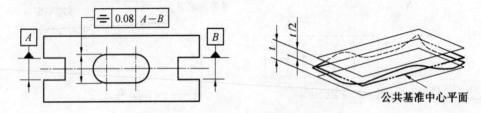

图 3.22　对称度的标注和公差带含义

对称度公差带为间距等于 0.08 mm、对称于公共基准 $A-B$ 中心平面的两平行平面之间的区域。

(12) 线轮廓度公差带。

① 无基准的线轮廓度公差带,如图 3.23 所示。

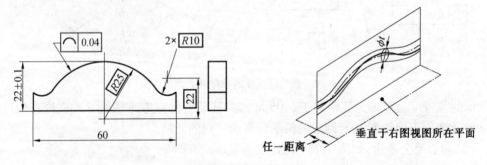

图 3.23　无基准的线轮廓度的标注和公差带含义

无基准的线轮廓度公差带为直径等于 0.04 mm,圆心位于被测要素理论正确几何形状上的一系列圆的两包络线之间的区域。

② 有基准的线轮廓度公差带,如图 3.24 所示。

有基准的线轮廓度公差带为直径等于 0.04 mm、圆心位于由基准平面 A 和 B 确定的被测要素理论正确几何形状上的一系列圆的两等距包络线之间的区域。

(13) 面轮廓度公差带。

① 无基准的面轮廓度公差带,如图 3.25 所示。

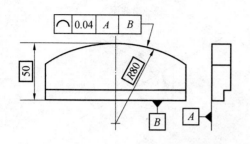 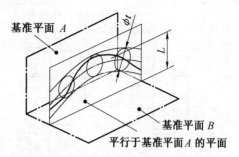

图 3.24 有基准的线轮廓度的标注和公差带含义

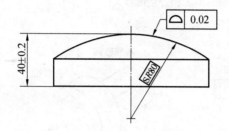 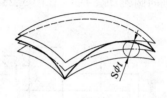

图 3.25 无基准的面轮廓度的标注和公差带含义

无基准的面轮廓度公差带为直径等于 0.02 mm、球心位于被测要素理论正确几何形状上的一系列圆球的两等距包络面之间的区域。

②有基准的面轮廓度公差带,如图 3.26 所示。

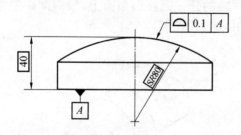 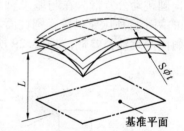

图 3.26 有基准的面轮廓度的标注和公差带含义

有基准的面轮廓度公差带为直径等于 0.1 mm、球心位于由基准平面 A 确定的被测要素理论正确几何形状上的一系列圆球的两等距包络面之间的区域。

(14)圆跳动公差带。

①径向圆跳动公差带,如图 3.27 所示。

径向圆跳动公差带 1 为任一垂直于基准轴线 A 的横截面内、半径差等于 0.1 mm、圆心在基准轴线 A 上的两同心圆之间的区域。

径向圆跳动公差带 2 为平行于基准平面 B、在任一垂直于基准轴线 A 的截面上,半径差等于 0.1 mm、圆心在基准轴线 A 上的两同心圆之间的区域。

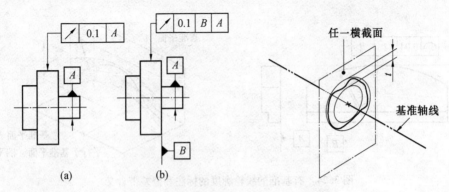

图 3.27 径向圆跳动的标注和公差带含义

②轴向圆跳动公差带,如图 3.28 所示。

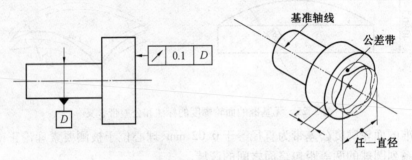

图 3.28 轴向圆跳动的标注和公差带含义

轴向圆跳动公差带为在与基准轴线 D 同轴的任一圆柱形截面上,轴向间距差等于 0.1 mm 的两个圆所限定的等径圆柱面之间的区域(圆柱面)。

③斜向圆跳动公差带,如图 3.29 所示。

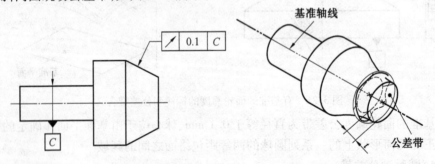

图 3.29 斜向圆跳动的标注和公差带含义

斜向圆跳动公差带为在与基准轴线 C 同轴线的任一圆锥面上,在素线方向间距差等于 0.1 mm 的两个直径不等圆之间的区域(圆锥面)。

(15)全跳动公差带。

①径向全圆跳动公差带,如图 3.30 所示。

径向全圆跳动公差带为半径差等于 0.1 mm、与公共基准轴线 A-B 同轴线的两圆柱面之间的区域。

②轴向全圆跳动公差带,如图 3.31 所示。

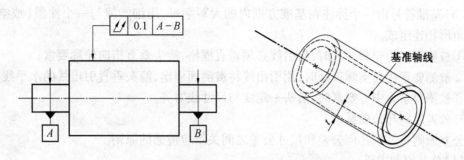

图 3.30 径向全圆跳动的标注和公差带含义

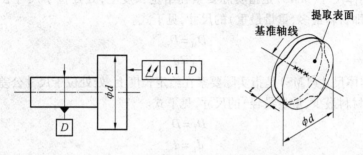

图 3.31 轴向全圆跳动的标注和公差带含义

轴向全圆跳动公差带为间距等于 0.1 mm、垂直于基准轴线 D 的两平行平面之间的区域。

跳动公差带能综合控制同一被测要素的形状误差、方向误差和位置误差。例如:径向圆跳动公差带可以同时控制同轴度误差和圆度误差,径向全跳动公差带可以同时控制同轴度误差和圆柱度误差,轴向全跳动公差带可以同时控制端面对基准轴线的垂直度误差和平面度误差。而且应遵守形状公差小于方向公差,方向公差小于位置公差,位置公差小于跳动公差的原则($t_{形状} < t_{方向} < t_{位置} < t_{跳动}$)。

4. 几何公差的标注

(1)公差框格的内容。

几何公差标注内容应包括公差特征符号、公差值和基准符号,其中公差值以毫米为单位,如图 3.32 所示。

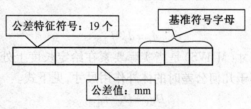

图 3.32 几何公差标注

(2)基准符号。

①大写的英文字母,不许用:E、I、J、M、O、P、L、R、F;
②用数字满足多个基准符号要求;
③字母必须水平书写。

(3)基准符号由一个标注在基准方框内的大写字母,用细实线与一个涂黑(或空白)的三角形相连组成。

①被测要素为轮廓要素时,指引线必须垂直框格,箭头垂直指向轮廓要素;
②被测要素指向实际表面时,用引出线将被测面引出,箭头垂直引出线的水平线;
③被测要素为中心要素时,箭头一定要与尺寸线对齐。

5. 公差原则与公差要求

公差原则指处理几何公差和尺寸公差之间关系应遵循的原则。

(1)公差原则术语。

①最大实体尺寸(MMS)是指实际要素在给定长度上,处处位于尺寸公差带内,并具有实体最大(即材料最多,重量最重)的尺寸,见下式。

$$D_M = D_{min} \tag{3.1}$$
$$d_M = d_{max} \tag{3.2}$$

②最小实体尺寸(LMS)是指实际要素在给定长度上,处处位于尺寸公差带内,并具有实体最小(即材料最少,重量最轻)的尺寸,见下式。

$$D_L = D_{max} \tag{3.3}$$
$$d_L = d_{min} \tag{3.4}$$

③体外作用尺寸(EFS)。

孔的 EFS 是指被测要素在给定长度上,与实际内表面体外相接的最大理想面的直径或宽度,见下式。

$$D_{fe} = D_a - f_{几何} \tag{3.5}$$

轴的 EFS 是指被测要素在给定长度上,与实际外表面体外相接的最小理想面的直径或宽度,见下式。

$$d_{fe} = d_a + f_{几何} \tag{3.6}$$

④体内作用尺寸(IFS)。

孔的 IFS 是指被测要素在给定长度上,与实际内表面体内相接的最小理想面的直径或宽度,见下式。

$$D_{fi} = D_a + f_{几何} \tag{3.7}$$

轴的 IFS 是指被测要素在给定长度上,与实际外表面体内相接的最大理想面的直径或宽度,见下式。

$$d_{fi} = d_a - f_{几何} \tag{3.8}$$

⑤最大实体实效尺寸(MMVS)是指实际要素在给定长度上处于最大实体状态,且其中心要素的几何误差等于几何公差时的体外作用尺寸,见下式。

$$D_{MV} = D_M - t_{几何} \tag{3.9}$$
$$d_{MV} = d_M + t_{几何} \tag{3.10}$$

⑥最小实体实效尺寸(LMVS)是指实际要素在给定长度上处于最小实体状态,且其中心要素的几何误差等于几何公差时的体内作用尺寸,见下式。

$$D_{LV} = D_L + t_{几何} \tag{3.11}$$
$$d_{LV} = d_L - t_{几何} \tag{3.12}$$

(2)公差原则与公差要求(独立原则、包容要求、最大实体要求、最小实体要求、可逆要求)。

①独立原则。

对某要素的几何公差与尺寸公差各自独立,彼此无关,分别满足各自公差要求。

独立原则应用于对零件的几何公差有特殊功能要求的要素。(例:机床导轨直线度、平行度、测量平板平面度、刀口直尺直线度)

②包容要求。

对有严格配合性质要求的单一要素,不会因为孔、轴形状误差影响配合性质,如轴承孔、齿轮基准孔、轴颈配合。

合格条件:体外作用尺寸不超出最大实体尺寸,且实际尺寸不超出最小实体尺寸。

孔满足包容要求,即

$$\begin{cases} D_{fe} \geq D_M \\ D_a \leq D_L \end{cases} \tag{3.13}$$

轴满足包容要求,即

$$\begin{cases} d_{fe} \leq d_M \\ d_a \geq d_L \end{cases} \tag{3.14}$$

③最大实体要求。

仅要求可装配性、无配合性质要求的中心要素,如法兰盘、轴承盖通孔。当实际尺寸偏离最大实体尺寸时,允许其中心要素的几何误差值超出给出的公差值,即尺寸误差补偿几何误差。

合格条件:体外作用尺寸不超出最大实体实效尺寸,且实际尺寸不超出极限尺寸。可逆要求用于最大实体要求时,当中心要素几何误差小于给出的几何公差时,允许实际尺寸超出最大实体尺寸。

孔满足最大实体要求,即

$$\begin{cases} D_{fe} \geq D_{MV} \\ D_M \leq D_a \leq D_L \end{cases} \tag{3.15}$$

轴满足最大实体要求,即

$$\begin{cases} d_{fe} \leq d_{MV} \\ d_L \leq d_a \leq d_M \end{cases} \tag{3.16}$$

可逆要求用于最大实体要求时:

可逆要求满足孔最大实体要求,即

$$\begin{cases} D_{fe} \geq D_{MV} \\ D_a \leq D_L \end{cases} \tag{3.17}$$

可逆要求满足轴最大实体要求,即

$$\begin{cases} d_{fe} \leq d_{MV} \\ d_a \geq d_L \end{cases} \tag{3.18}$$

④最小实体要求。

控制最小壁厚(孔),保证最低强度(轴)要求,适用于中心要素有几何公差要求的情况。当实际尺寸偏离最小实体尺寸时,允许其中心要素的几何误差值超出给出的公差值,即尺寸误差补偿几何误差。

合格条件:体内作用尺寸不超出最小实体实效尺寸,且实际尺寸不超出极限尺寸。

孔满足最小实体要求,即

$$\begin{cases} D_{fi} \leqslant D_{LV} \\ D_M \leqslant D_a \leqslant D_L \end{cases} \tag{3.19}$$

轴满足最小实体要求,即

$$\begin{cases} d_{fi} \geqslant d_{LV} \\ d_L \leqslant d_a \leqslant d_M \end{cases} \tag{3.20}$$

可逆要求用于最小实体要求时:

可逆要求满足孔最小实体要求,即

$$\begin{cases} D_{fi} \leqslant D_{LV} \\ D_a \geqslant D_M \end{cases} \tag{3.21}$$

可逆要求轴满足轴最小实体要求,即

$$\begin{cases} d_{fi} \geqslant d_{LV} \\ d_a \leqslant d_M \end{cases} \tag{3.22}$$

6. 几何公差的设计

(1)几何公差特征项目的选用。

①根据几何公差对零件工作性能的影响,例如与滚动轴承配合的外壳孔和轴颈的圆柱度、端面和轴肩的轴向圆跳动。

②根据加工中可能产生的几何误差和检测条件等来选用,例如齿轮箱体的轴承孔的同轴度、轴承盖孔的位置度。

(2)公差原则和公差要求的选用。

①对于有特殊功能要求的要素,一般采用独立原则,例如刀口直尺、测量平板。

②有配合性质要求的要素,一般采用包容要求,例如齿轮内孔与轴。

③对于保证可装配性、无配合性质要求的中心要素,采用最大实体要求(MMR),例如法兰盘、轴承盖上的固定通孔。

④对于保证临界值的设计,以控制最小壁厚(孔),保证最低强度(轴)要求的中心要素,采用最小实体要求(LMR)。

(3)基准要素的选用原则。

①根据需要可采用单一基准、公共基准、三基面体系。

②基准要素通常应有较高的形状精度,它的长度、面积数值都较大,刚度也较大。

③尽量遵循设计、工艺和测量等基准统一的原则。

(4)几何公差值的选用。

①未注几何公差等级的规定。

未注几何公差分为 H、K、L 3 个公差等级。其中 H 级最高,L 级最低。未注几何公差的图样标注,在标题栏附近或技术要求中注出标准号和公差等级。

例如：未注几何公差按 GB/T 1184—K。

②注出几何公差值的规定。

公差等级：圆度、圆柱度有 0、1、2、…、12 共 13 个等级；其余有 1、2、…、12 共 12 个等级；其中 0 级精度最高，此后依次降低，12 级最低。常用 4～8 级。

③几何公差值的选用原则。

对同一要素的形状公差小于方向公差；对同一基准的同一要素的方向公差小于位置公差；圆跳动公差大于其他几何公差，小于全跳动公差。圆柱形的形状公差小于尺寸公差。平行度公差应小于其相应的距离公差值。

7. 几何精度设计流程

几何精度设计包括确定几何公差、公差原则选择、基准的选取、未注几何公差设计 4 个步骤。首先确定几何公差类别，选择形状公差、方向公差、位置公差及跳动公差，再根据精度要求，确定几何公差数值的大小。然后选取公差原则：当对几何公差有特殊要求时，采用独立原则；当对孔轴配合性质有严格要求时，采用包容要求；当对装配性有要求时，采用最大实体要求；当对零件的强度有要求时，采用最小实体要求；当几何公差和尺寸公差可以互相补偿时，采用可逆要求。接着选取几何公差基准：基准应选取强度和刚度较大的表面，回转类零件选取轴线作为基准，基准选取时考虑设计基准、加工基准、装配基准和检测基准的统一原则。最后设计未注几何公差，未注几何公差分为 H、K、L 3 个公差级，并要求标注在技术要求中。如图 3.33 所示。

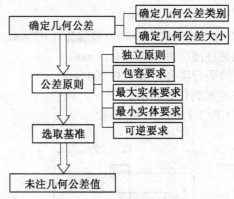

图 3.33　几何公差设计流程图

3.2　例题解析

例题 3-1　用文字说明图 3.34 中各项几何公差的含义（说明被测要素、基准要素、公差特征项目名称及其公差值），画出各项几何公差的公差带。

解答

（1）圆锥面对 $2\times d_2$ 公共基准轴线 A-B 的斜向圆跳动公差值为 0.025 mm；

（2）键槽中心平面对其圆锥轴线 G 的对称度的公差值为 0.025 mm；

（3）圆柱 ϕd_3 的圆柱度公差值为 0.01 mm；

（4）d_3 轴线对 $2\times d_2$ 公共基准轴线 A-B 的平行度公差值为 ϕ0.02 mm；

（5）两圆柱 d_2 对两端顶尖中心孔公共轴线 C-D 径向圆跳动公差为 0.025 mm 和圆柱

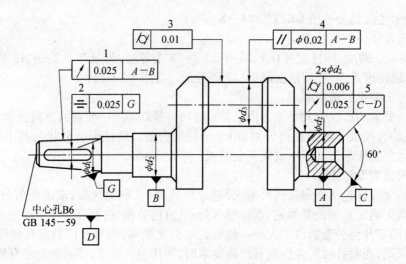

图 3.34 例题 3-1 的曲轴几何公差图

度公差为 0.006 mm；

(6) 各项几何公差的公差带图(略)。

例题 3-2 图 3.35 所示为单列圆锥滚子轴承内圈,将下列几何公差要求标注在图中。

(1) 圆锥截面圆度公差为 6 级；

(2) 圆锥素线直线度公差为 7 级($l=50$)；

(3) 圆锥面对 $\phi80H7$ 轴线的斜向圆跳动公差值为 0.02 mm；

(4) $\phi80H7$ 孔表面的圆柱度公差值为 0.005 mm；

(5) 右端面对左端面的平行度公差值为 0.004 mm；

(6) $\phi80H7$ 遵守单一要素的包容要求；

(7) 其余几何公差按 GB/T 1184—K 级要求。

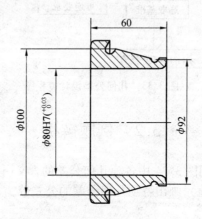

图 3.35 例题 3-2 的单列圆锥滚子轴承内圈几何公差标注

解答 标注答案如图 3.36 所示。

例题 3-3 将下列要求标注在图 3.37 上：

(1) 圆锥面的圆度公差为 0.01 mm,圆锥素线直线度公差为 0.02 mm；

(2) $\phi35H7$ 中心线对 $\phi10H7$ 轴线的同轴度公差为 0.05 mm；

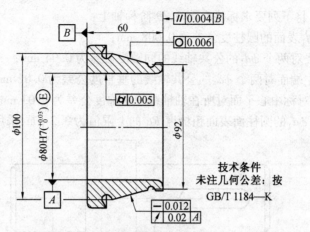

图 3.36　例题 3-2 的单列圆锥滚子轴承内圈几何公差标注答案

（3）ϕ35H7 内孔表面圆柱度公差为 0.005 mm；

（4）ϕ20h6 圆柱面的圆度公差为 0.006 mm；

（5）ϕ35H7 内孔端面对 ϕ10H7 轴线的轴向圆跳动公差为 0.05 mm。

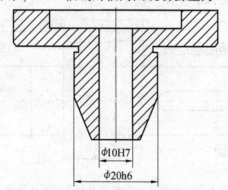

图 3.37　例题 3-3 几何公差标注

解答　标注答案如图 3.38 所示。

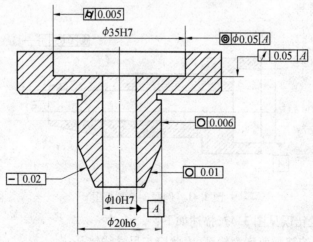

图 3.38　例题 3-3 几何公差标注答案

例题 3-4 将下列要求标注在图 3.39 阶梯轴上：
(1) 两个 ϕd_1 表面的圆柱度公差为 0.008 mm；
(2) ϕd_2 轴线对两个 ϕd_1 的公共轴线的同轴度公差为 0.04 mm；
(3) ϕd_2 的左端面对两个 ϕd_1 的公共轴线的垂直度公差为 0.02 mm；
(4) 键槽的对称中心平面对所在轴轴线的对称度公差为 0.03 mm；
(5) 直径为 ϕd_1 的圆柱面表面粗糙度 Ra 的上限值为 3.2 μm，采用去除材料法获得。

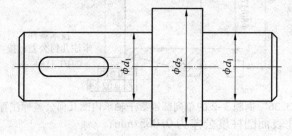

图 3.39　例题 3-4 阶梯轴几何公差标注

解答　标注答案如图 3.40 所示。

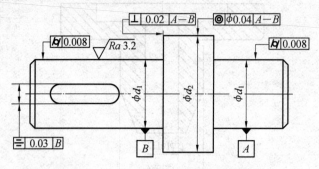

图 3.40　例题 3-4 阶梯轴几何公差标注答案

例题 3-5 指出图 3.41 中几何公差的标注错误（在错误处画 ×），并加以改正（不允许改变几何特征符号）。

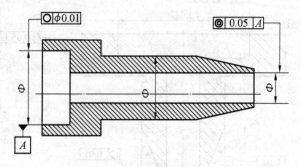

图 3.41　例题 3-5 零件图

解答　有 5 处错误见图 3.42，描述如下：
(1) 内孔圆度的被测要素为轮廓，因此应与尺寸线错开；
(2) 圆度的公差带为同心圆环，不需要加 ϕ；

(3)表示以轴线为基准,基准标注时应与尺寸线对齐;
(4)同轴度公差带为圆柱形,因此需要加 ϕ;
(5)右端小孔轴线和左端大孔轴线的同轴度,被测要素为轴线,因此应与尺寸线对齐。

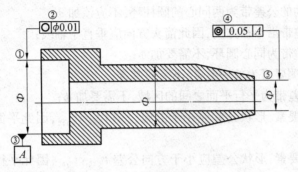

图 3.42 例题 3-5 零件图几何公差五处错误

修改后的答案如图 3.43 所示。

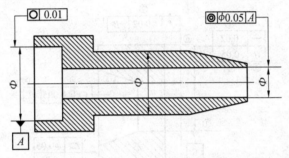

图 3.43 例题 3-5 零件图几何公差改错答案

例题 3-6 在不改变几何公差特征项目的前提下,请指出图 3.44 中的错误。

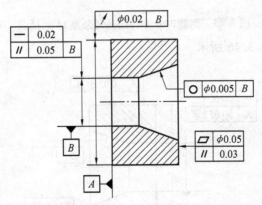

图 3.44 例题 3-6 零件图几何公差

解答 各处的错误如图 3.45 所示,描述如下:
(1)轴线为基准时,基准符号应与尺寸线对齐,表示以轴线为基准;
(2)轴线的直线度公差带为圆柱形,其公差值应该加 ϕ;

(3) 应为轴线与基准 A 的垂直度;
(4) 轴线对基准平面的垂直度的公差带为圆柱形,应该加 ϕ;
(5) 轴线应与基准 A 垂直,因此基准 B 应改为 A;
(6) 轴外圆柱面的圆跳动的被测要素为轮廓,因此指引线箭头应与尺寸线错开;
(7) 径向圆跳动的公差带为两同心的圆柱环,不应该加 ϕ;
(8) 圆度的公差带沿半径方向,因此箭头方向应垂直于轴线;
(9) 圆度的公差带为同心圆环,不需要加 ϕ;
(10) 圆度的被测要素为单一要素,不需要基准;
(11) 平面度公差带为平行平面之间的区域,不需要加 ϕ;
(12) 对于同一要素,形状公差应小于方向公差 $t_{形状} < t_{方向}$,因此平面度公差值应小于平行度公差值;
(13) 对于同一要素,形状公差应小于方向公差 $t_{形状} < t_{方向}$,因此平行度公差值应大于平面度公差值;
(14) 平行度的被测要素为关联要素,缺少基准。

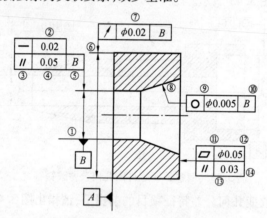

图 3.45 例题 3-6 零件图几何公差 14 处错误

修改后的答案如图 3.46 所示。

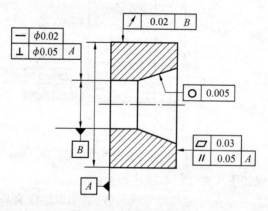

图 3.46 例题 3-6 答案

例题 3-7 如图 3.47 所示加工一轴零件,测得直径尺寸 $d_a = \phi 16$ mm,轴线直线度误差 $f_- = \phi 0.02$ mm,求该轴的最大实体尺寸、最小实体尺寸、体外作用尺寸、体内作用尺寸、最大实体实效尺寸和最小实体实效尺寸。

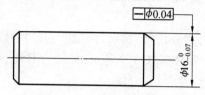

图 3.47 例题 3-7 零件图

解答 该轴的最大实体尺寸为 $d_M = d_{max} = \phi 16$ mm;
最小实体尺寸为 $d_L = d_{min} = \phi 15.93$ mm;
体外作用尺寸为 $d_{fe} = d_a + f_- = \phi 16.02$ mm;
体内作用尺寸为 $d_{fi} = d_a - f_- = \phi 15.98$ mm;
最大实体实效尺寸为 $d_{MV} = d_M + t_- = \phi 16.04$ mm;
最小实体实效尺寸为 $d_{LV} = d_L - t_- = \phi 15.89$ mm。

例题 3-8 按图 3.48 加工一轴,测得直径尺寸 $d_a = \phi 16$ mm,$f_\perp = \phi 0.2$ mm,求该轴的最大实体尺寸、最小实体尺寸、体外作用尺寸、体内作用尺寸、最大实体实效尺寸和最小实体实效尺寸。

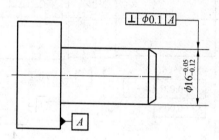

图 3.48 例题 3-8 零件图

解答 该轴的最大实体尺寸为 $d_M = d_{max} = \phi 15.95$ mm;
最小实体尺寸为 $d_L = d_{min} = \phi 15.88$ mm;
体外作用尺寸为 $d_{fe} = d_a + f_\perp = \phi 16.2$ mm;
体内作用尺寸为 $d_{fi} = d_a - f_\perp = \phi 15.8$ mm;
最大实体实效尺寸为 $d_{MV} = d_M + t_\perp = \phi 16.05$ mm;
最小实体实效尺寸为 $d_{LV} = d_L - t_\perp = \phi 15.78$ mm。

例题 3-9 按 $\phi 50^{+0.039}_{0}$ Ⓔ 加工一个孔,加工后测得 $D_a = \phi 50.02$ mm,其轴线直线度 $f_- = \phi 0.01$ mm,判断该孔是否合格?

解答 按题意,根据包容要求的判据进行判断:
该孔的体外作用尺寸为 $D_{fe} = D_a - f_- = \phi 50.01$ mm;
最大实体尺寸为 $D_M = D_{min} = \phi 50$ mm;
最小实体尺寸为 $D_L = D_{max} = \phi 50.039$ mm;

则满足包容要求的判据：

$$\begin{cases} D_{fe} = \phi 50.01 \text{ mm} > D_M = \phi 50 \text{ mm} \\ D_a = \phi 50.02 \text{ mm} < D_L = \phi 50.039 \text{ mm} \end{cases}$$

因此合格。

例题 3-10 未注几何公差分几级，如果为 H 级，应该在技术要求中如何标注？

解答 未注几何公差分为 H、K、L 3 个等级；如果为 H 级，在技术要求中标注为：未注几何公差按 GB/T 1184—H。

3.3 工程案例

案例 根据图 3.49 所示减速器中对轴的功能要求，设计其几何公差。

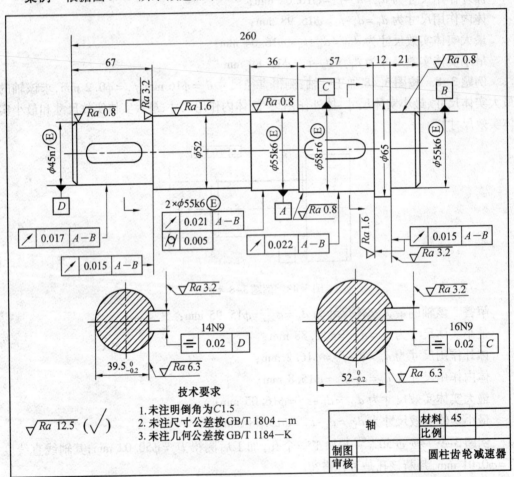

图 3.49 减速器中轴几何公差设计

解答 （1）轴的外伸端 $\phi 45n7$ mm 和 $\phi 58r6$ mm 分别与带轮内孔和齿轮内孔配合，为了保证配合性质，采用包容要求；

(2)为保证带轮和齿轮的定位精度和装配精度,对轴肩和轴环相对于公共轴线 A-B 提出轴向圆跳动公差为 0.017 mm 的要求,对两轴头表面分别提出径向圆跳动公差为 0.017 mm 和 0.022 mm 的要求;

(3)两个轴径 ϕ55k6 mm 与轴承内圈配合,同时采用包容要求保证配合性质;为保证轴承的安装精度,对轴径表面提出圆柱度公差为 0.005 mm 的要求;

(4)为了保证旋转精度,对轴环端面相对于公共轴线 A-B 提出轴向圆跳动公差为 0.015 mm的要求;

(5)为保证轴承外圈与箱体孔的配合性质,需要控制两个轴径的同轴度误差,因此对两个轴径提出径向圆跳动公差为 0.021 mm 的要求;

(6)为保证轴与轴上零件(齿轮或带轮)的平键联结质量,对 ϕ45n7 mm 轴头上的键槽中心平面提出对称度公差为 0.02 mm 的要求,对 ϕ58r6 mm 轴上的键槽对称中心面提出对称度公差为 0.02 mm 的要求,基准都是所在轴的轴线。

3.4 习题答案

习题 3-1 几何公差特征项目和符号有哪几项?

解答 几何公差特征项目和符号分为 4 大类,19 小项,见表 3.1。

习题 3-2 几何公差的公差原则和公差要求有哪些?如何应用?

解答 几何公差的公差原则为独立原则。几何公差的公差要求为:① 包容要求;② 最大实体要求(包括附加于最大实体要求的可逆要求);③ 最小实体要求(包括附加于最小实体要求的可逆要求)。独立原则用于有特殊功能要求的要素;包容要求应用于有严格配合性质要求的单一要素;最大实体要求用于只要求可装配性的中心要素;最小实体要求保证强度和壁厚的中心要素。

习题 3-3 几何公差的选择包括哪些内容?何时选用未注几何公差?在图样上如何标注?

解答 几何公差的选择包括几何公差特征项目的选择、公差等级和公差值的选择、公差原则的选择和基准要素的选择。

未注几何公差值是各类工厂中常用设备能保证的精度。零件大部分要素的几何公差值均应遵循未注公差值的要求,图样上不必注出。只有当零件要素的几何公差值要求较高(小于未注公差值)时,加工后才必须经过检验;或者零件要素的公差值大于未注公差值,能给工厂带来经济效益时,才需要在几何公差框图中给出公差要求。

未注几何公差值在图样上不用作特殊标注,一般在图样上标题栏附件或技术要求中给出标准号和所选的公差等级代号。

习题 3-4 将下列技术要求,按国家标准规定标注在图 3.50 上:

(1)ϕd_2 的圆柱度公差为 6 μm;

(2)端面 A 的平面度公差为 10 μm;

(3)端面 B 对端面 A 的平行度公差为 20 μm;

(4)圆锥面的圆度公差为 10 μm;圆锥面对 ϕd_2 轴线的斜向圆跳动公差为 50 μm;

(5) 轴 ϕd_2 的键槽两个侧面的中心平面对所在轴的轴线对称度公差为 15 μm；

(6) ϕd_2 轴线对端面 A 的垂直度公差为 10 μm；

(7) ϕd_2 圆柱面对两个 ϕd_1 的公共轴线的径向圆跳动公差为 15 μm。

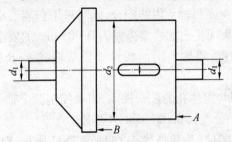

图 3.50 习题 3-4 零件图

解答 标注答案如图 3.51 所示。

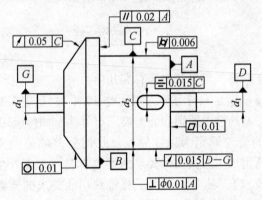

图 3.51 习题 3-4 零件几何公差标注答案

习题 3-5 在不改变几何公差特征项目的前提下，改正图 3.52 中的错误。要求改正后重新画图，并重新标注。

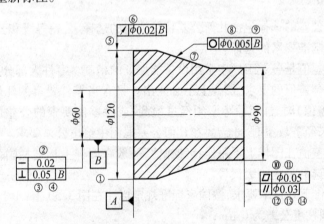

图 3.52 习题 3-5 零件几何公差改错图

答案 各处的错误描述如下：

(1) 基准符号应与尺寸线对齐，表示以轴线为基准；

(2)轴线的直线度公差带为圆柱形,公差值前应该加 ϕ;
(3)轴线对基准平面垂直度的公差带为圆柱形,应该加 ϕ;
(4)轴线应与基准 A 垂直,因此基准 B 应改为 A;
(5)圆柱面的圆跳动的被测要素为轮廓,因此,指引线箭头应与尺寸线错开;
(6)径向圆跳动的公差带为同轴的圆柱环,不应该加 ϕ;
(7)圆度的公差带沿半径方向,因此箭头方向应垂直于轴线;
(8)圆度的公差带为同心圆环,不需要加 ϕ;
(9)圆度的被测要素为单一要素,不需要基准;
(10)平面度公差带为平行平面之间的区域,不需要加 ϕ;
(11)对于同一要素,形状公差应小于方向公差($t_{形状}<t_{方向}$),因此平面度公差值应小于平行度公差值;
(12)对于同一要素,方向公差应大于形状公差($t_{方向}>t_{形状}$),因此平行度公差值应大于平面度公差值;
(13)平行度的公差带为平行平面之间的区域,不需要加 ϕ;
(14)平行度的被测要素为关联要素,缺少基准。
修改后的答案如图 3.53 所示。

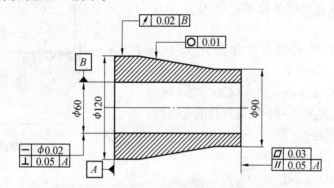

图 3.53 习题 3-5 零件几何公差改错答案

习题 3-6 说明图 3.54 所示零件的底面 a、端面 b、孔内表面 c 和孔的中心线 d 分别属于什么要素(组成要素、导出要素、被测要素、基准要素、单一要素或关联要素)?

解答 答案见表 3.2。

表 3.2 习题 3-6 答案

	被测要素	基准要素	单一要素	关联要素	组成要素	导出要素
底面 a	√	√	√	×	√	×
端面 b	√	×	×	√	√	×
孔表面 c	√	×	√	×	√	×
轴线 d	√	√	√	√	×	√

习题 3-7 如图 3.55 所示,某齿轮孔尺寸为 $\phi 30_{\ 0}^{+0.021}$ Ⓔ,该尺寸按包容要求加工,加工后测得 $D_a=\phi 30.02$ mm,其轴线的直线度误差 $f_-=0.01$ mm。

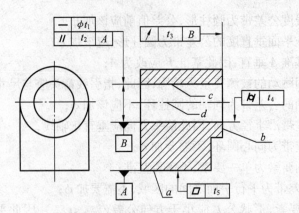

图 3.54 习题 3-6 零件几何公差图

试计算：
(1) 该齿轮孔的体外作用尺寸？
(2) 该齿轮孔的最大实体尺寸和最小实体尺寸？
(3) 判断该齿轮孔是否合格？

解答

(1) 该齿轮孔的体外作用尺寸为 $D_{fe} = D_a - f_{几何} = \phi 30.01$ mm；

(2) 该齿轮孔的最大实体尺寸为 $D_M = D_{min} = \phi 30$ mm；

最小实体尺寸为 $D_L = D_{max} = \phi 30.021$ mm；

(3) 按照包容要求判断该齿轮孔的合格性：

由于同时满足：

$$\begin{cases} D_{fe} = \phi 30.01 \text{ mm} > D_M = \phi 30 \text{ mm} \\ D_a = \phi 30.02 \text{ mm} < D_L = \phi 30.021 \text{ mm} \end{cases}$$

故合格。

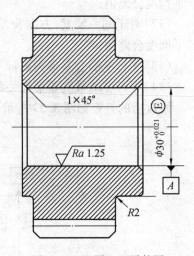

图 3.55 习题 3-7 零件图

第4章 表面粗糙度轮廓设计

4.1 重难点讲解

表面粗糙度轮廓设计是机械精度设计的第三个重要部分,也是本课程学习的重点和难点内容之一。本章需要掌握的重要知识点包括表面粗糙度的评定参数、表面粗糙度的标注方法和表面粗糙度的设计方法。

1. 表面粗糙度的定义及其对机械零件使用性能的影响

表面粗糙度对机械零件使用性能及其寿命影响较大,主要影响零件耐磨性、配合性质的稳定性、抗疲劳强度和抗腐蚀性。

2. 取样长度、评定长度和最小二乘中线的概念

(1)取样长度 l_r 是指测量、评定表面粗糙度轮廓时规定的一段基准线长度。为了限制或减弱波纹度,排除形状误差对表面粗糙度轮廓测量结果的影响。

(2)评定长度 l_n 是指测量、评定表面粗糙度轮廓时规定的一段最小的测量长度。因为表面峰谷和间距的不均匀性,为可靠地反映表面粗糙度特性。一般 $l_n=5l_r$,若被测表面比较均匀时,$l_n<5l_r$,若被测表面不均匀时,$l_n>5l_r$。

(3)中线是指具有几何轮廓形状并划分轮廓的基准线。

①轮廓最小二乘中线是指在取样长度内,使轮廓线上各点至该线的距离 Z_i 平方和为最小的线。

②轮廓算术平均中线是指在取样长度内,划分实际轮廓为上下两部分,使上下两部分面积相等的线。

3. 表面粗糙度评定参数的名称与代号

(1)轮廓的算术平均偏差 Ra 是指在一个取样长度 l_r 内,纵坐标值 $Z(x)$ 的绝对值的算术平均值。Ra 属于幅值参数。

(2)轮廓的最大高度 Rz 是指在一个取样长度内,最大轮廓峰高 Z_{pmax} 和最大轮廓谷深 Z_{vmax} 之和的高度。Rz 属于幅值参数。

(3)轮廓单元的平均宽度 Rsm 是指在 l_r 内,轮廓单元宽度 X_{s_i} 的平均值。Rsm 属于间距参数。

(4)轮廓的支承长度率 $Rmr(c)$ 是指在评定长度内和给定的水平截距 c 上,轮廓的实体材料长度 $M_l(c)$ 与 l_n 的比率。$Rmr(c)$ 属于混合参数。

4. 表面粗糙度评定参数在图样上的标注方法

(1)表面粗糙度要求标注的内容。

为了表明表面粗糙度要求,除了标注表面粗糙度单一要求外,必要时还应标注补充要求。单一要求是指粗糙度参数及其数值;补充要求是指传输带、取样长度、加工工艺、表面纹理及方向和加工余量等。在完整的图形符号中,对上述要求标注书写在如图 4.1 所示指定位置上。

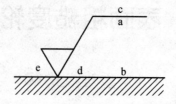

图 4.1　表面粗糙度要求标注的内容

a—单一要求(单位:μm);b—第二个表面粗糙度要求(单位:μm);,c—加工方法,
d—表面纹理和纹理方向;e—加工余量(单位:mm)

表面粗糙度的标注示例如图 4.2 所示。

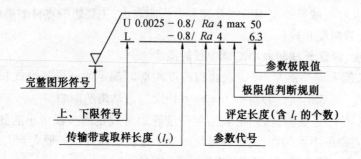

图 4.2　表面粗糙度的单一要求

(2)表面粗糙度要求在图形中的标注。

位置 a 处标注表面粗糙度的单一要求(即第一个要求),该要求是不能省略的。它包括表面粗糙度参数代号、极限值和传输带或取样长度等内容。表面粗糙度要求标注的内容的详细说明如下:

①上限或下限的标注:在完整的图形符号中,表示双向极限时应标注上限符号"U"和下限符号"L",上限在上方,下限在下方。如果同一参数具有双向极限要求,在不引起歧义时,可以省略"U"和"L"的标注;当只有单向极限要求时,若为单向上限值,则可省略"U"的标注;若为单向下限值,则必须加注"L"。

②传输带和取样长度的标注:传输带是指两个滤波器(短波滤波器和长波滤波器)的截止波长值之间的波长范围(即评定时的波长范围,单位为 mm),例如图 4.2 中的"0.0025-0.8"。长波滤波器的截止波长值也就是取样长度 l_r。传输带标注时,短波滤波器的截止波长值在前,长波滤波器的截止波长值在后,并用连字号"-"隔开。在某些情况下,在传输带中只标注两个滤波器中的一个,若未标注滤波器也存在,则使用它的默认截止波长值。如果只标注一个滤波器,也应保留连字号"-",以区分是短波还是长波滤波器的截止值,例如图 4.2 中的"-0.8"。

③参数代号的标注:表面粗糙度参数代号标注在传输带或取样长度后,它们之间加一个斜线"/"隔开。

④评定长度 l_n 的标注：如果采用默认的评定长度，即采用 $l_n = 5l_r$ 时，则评定长度可省略标注。如果评定长度不等于 $5l_r$，则应在相应参数代号后标注出含取样长度 l_r 的个数。例如图 4.2 中的 $l_n = 4l_r$。

⑤极限值判断规则和极限值的标注：参数极限值的判断原则有"16% 规则"和"最大规则"两种。"16% 规则"是所有表面结构要求标注的默认规则（省略标注），其含义是同一评定长度内幅度参数所有的实测值中，大于上限值的个数少于总数的 16%，且小于下限值的个数少于总数的 16%，则认为合格。"最大规则"是指在整个被测表面上，幅度参数所有的实测值均不大于最大允许值，则认为合格。采用"最大规则"时，应在参数代号后增加一个"max"的标记。

⑥为了避免歧义，在参数代号和极限值之间应插入一个空格。

⑦表面粗糙度的其他要求可根据零件功能需要标注。

位置 b 处注出第二个表面粗糙度要求。如果要注出第三个或更多的表面粗糙度要求时，图形符号应在垂直方向扩大，以空出足够的空间。

位置 c 处注写加工方法、表面处理、涂层和其他加工工艺要求等（如车、磨、镀等加工表面）。

位置 d 处注写所要求的表面纹理和纹理方向。标准规定了加工纹理及其方向。

位置 e 处注写所要求的加工余量（单位为 mm）。

5. 表面粗糙度选用

(1) 幅度参数（基本参数）的选用。

一般情况下从 Ra 和 Rz 中任选一个。

当 Ra 为 $0.025 \sim 6.3 \ \mu m$，Rz 为 $0.1 \sim 25 \ \mu m$ 时，优先采用 Ra（反映表面粗糙度特性的信息量大，用轮廓仪测量容易）；Rz 用于极光滑表面（$Ra < 0.025 \ \mu m$）和较粗糙表面（$Ra > 6.3 \ \mu m$），用双管显微镜测量。

(2) 间距参数和混合参数的选用。

有特殊使用要求时，才附加选用 Rsm 和 $Rmr(c)$。Rsm 用于对密闭性、涂漆性能、抗裂纹和抗腐蚀有要求时；$Rmr(c)$ 用于对耐磨性和接触刚度有要求时，但同时要给出水平截距 c 值。

(3) 表面粗糙度数值的选取。

表面粗糙度参数值的选用直接关系到零件的性能、产品的质量、使用寿命、制造工艺和制造成本。在满足功能要求的前提下，高度参数 Ra、Rz 及间距参数 Rsm 的数值应尽量大些，混合参数 $Rmr(c)$ 的数值应尽量小些。在《表面粗糙度参数及其数值》（GB/T 1031—2009）中，已经将表面粗糙度的参数值标准化，使用参数的数值设计时应从国家标准 GB/T 1031—2009 规定的参数值系列中选取。

幅度参数 Ra 和 Rz 值见表 4.1 和表 4.2，间距参数 Rsm 值见表 4.3，混合参数 $Rmr(c)$ 值见表 4.4。

表 4.1 Ra 的参数值（摘自 GB/T 1031—2009）

$Ra/\mu m$	0.012	0.2	3.2	
	0.025	0.4	6.3	50
	0.05	0.8	12.5	100
	0.1	1.6	25	

表 4.2 Rz 的数值（摘自 GB/T 1031—2009）

$Rz/\mu m$	0.025	0.4	6.3	100	
	0.05	0.8	12.5	200	1 600
	0.1	1.6	25	400	
	0.2	3.2	50	800	

表 4.3 Rsm 的数值（摘自 GB/T 1031—2009）

Rsm/mm	0.006	0.1	1.6
	0.0125	0.2	3.2
	0.025	0.4	6.3
	0.05	0.8	12.5

表 4.4 $Rmr(c)$ 的数值（摘自 GB/T 1031—2009）

$Rmr(c)/\%$	10	15	20	25	30	40	50	60	70	80	90

注：选用轮廓的支承长度率参数 $Rmr(c)$ 时，必须同时给出轮廓水平截距位置 c 值。它可用 μm 或 Rz 的百分数表示，百分数系列如下：Rz 的 5%，10%，15%，20%，25%，30%，40%，50%，60%，70%，80% 和 90%。

（4）参数值的选用经验。

① 同一零件上，工作表面的 $Ra(Rz)$ 值小于非工作表面；
② 过盈配合表面的 $Ra(Rz)$ 值小于间隙配合的表面；
③ 配合孔轴为同公差等级，轴 $Ra(Rz)$ 值要小于孔；
④ 同公差等级的不同尺寸，小尺寸的 $Ra(Rz)$ 值要小于大尺寸；
⑤ $Ra(Rz)$ 值应与尺寸公差（T）和形状公差（t）协调：

$t \approx 0.6T$ 时，$Ra \leq 0.05T$，$Rz \leq 0.3T$；
$t \approx 0.4T$ 时，$Ra \leq 0.025T$，$Rz \leq 0.15T$；
$t \approx 0.25T$ 时，$Ra \leq 0.012T$，$Rz \leq 0.07T$。

根据国家标准的规定，表面粗糙度标注示例见表 4.5。

表 4.5 表面粗糙度轮廓标注示例

1	$Rz\ 0.4$	表示不允许去除材料，单向上限值，默认传输带，轮廓的最大高度 Rz 为 0.4 μm，评定长度为 5 个取样长度（默认），"16%规则"（默认）
2	$Rz\ max\ 0.2$	表示去除材料，单向上限值，默认传输带，轮廓最大高度 Rz 的最大值为 0.2 μm，评定长度为 5 个取样长度（默认），"最大规则"
3	$U\ Ra\ max\ 3.2$ $L\ Ra\ 0.8$	表示不允许去除材料，双向极限值，两极限值均使用默认传输带，上限值：算术平均偏差为 3.2 μm，评定长度为 5 个取样长度（默认），"最大规则"；下限值：算术平均偏差为 0.8 μm，评定长度为 5 个取样长度（默认），"16%规则"（默认）

第4章 表面粗糙度轮廓设计

续表 4.5

4	√L Ra 1.6	表示任意加工方法,单向下限值,默认传输带,算术平均偏差为 1.6 μm,评定长度为 5 个取样长度(默认),"16%规则"(默认)
5	√0.008-0.8/ Ra 3.2	表示去除材料,单向上限值,传输带为 0.008~0.8 mm,算术平均偏差为 3.2 μm,评定长度为 5 个取样长度(默认),"16%规则"(默认)
6	√-0.8/Ra 3 3.2	表示去除材料,单向上限值,传输带:根据 GB/T 6062,取样长度为 0.8 mm,算术平均偏差为 3.2 μm,评定长度包含 3 个取样长度(即 l_n = 0.8 mm×3 = 2.4 mm),"16%规则"(默认)
7	铣 √⊥ Ra 0.8 -2.5/Rz 3.2	表示去除材料,两个单向上限值:①默认传输带和评定长度,算术平均偏差为 0.8 μm,"16%规则"(默认);②传输带为 ~2.5 mm,默认评定长度,轮廓的最大高度为 3.2 μm,"16%规则"(默认)。表面纹理垂直于视图所在的投影面。加工方法为铣削
8	3√ 0.008-4/Ra 50 0.008-4/Ra 6.3	表示去除材料,双向极限值:上限值 Ra 50 μm,下限值 Ra 6.3 μm;上下极限传输带均为 0.008~4 mm;默认的评定长度均为 l_n = 4×5 = 20 mm;"16%规则"(默认)。加工余量为 3 mm
9	√ √Y √Z	简化符号:符号及所加字母的含义由图样中的标注说明

6. 表面粗糙度的设计步骤

表面粗糙度的设计流程如图 4.3 所示,包括 3 个重要步骤:确定表面粗糙度的评定参数、确定表面粗糙度的参数值以及表面粗糙度的标注方法。首先确定表面粗糙度的评定参数:轮廓的算术平均偏差、轮廓的最大高度、轮廓单元的平均宽度、轮廓的支承长度率。根据使用要求,确定合理的评定参数。接着选取粗糙度参数值:国家标准规定了轮廓的算术平均偏差、轮廓的最大高度、轮廓单元的平均宽度、轮廓的支承长度率的国家标准数值,根据粗糙度使用要求和加工工艺,从国家标准中选取合理的粗糙度参数值。最后进行表面粗糙度的标注:粗糙度的标注符号,第一个表面粗糙度要求,第二个表面粗糙度要求,加工方法、表面纹理以及加工余量。

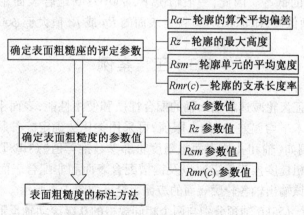

图 4.3 表面粗糙度设计流程

4.2 例题解析

例题 4-1 表面粗糙度的产生原因是什么?

解答 (1) 切削后遗留的刀痕;(2) 切削过程中切屑分离时的塑性变形;(3) 机床等工装系统的振动。

例题 4-2 表面粗糙度对零件使用性能会产生什么影响?

解答 (1) 影响零件耐磨性,表面不是越光滑越好;(2) 影响配合性质的稳定性;(3) 影响抗疲劳强度;(4) 影响抗腐蚀性。

例题 4-3 为什么要规定取样长度 l_r?

解答 (1) 为了限制或减弱波纹度;(2) 排除形状误差对表面粗糙度轮廓测量的影响。

例题 4-4 为什么要规定评定长度 l_n?

解答 因为表面峰谷和间距的不均匀性,为可靠地反映整个被测表面粗糙度特性。

例题 4-5 表面粗糙度的评定参数有几个?其名称、代号是什么?

解答 表面粗糙度的评定参数有 4 个,其名称、代号分别是:
(1) 轮廓的算术平均偏差,代号是 Ra;
(2) 轮廓的最大高度,代号是 Rz;
(3) 轮廓单元的平均宽度,代号是 Rsm;
(4) 轮廓的支承长度率,代号是 $Rmr(c)$。

例题 4-6 在一般情况下,$\phi60H7$ 和 $\phi10H7$ 相比,其表面何者精度要求高?

解答 由于两者具有相同的公差等级,尺寸小的孔应具有较小的表面粗糙度数值。因此,一般情况下,$\phi60H7$ 孔表面粗糙度精度要求比 $\phi10H7$ 孔表面低些,即 $\phi60H7$ 孔表面的 Ra 或 Rz 值大于 $\phi10H7$ 孔表面。

例题 4-7 在一般情况下,$\phi60H7/e6$ 和 $\phi60H7/s6$ 相比,其表面何者精度要求高?

解答 由于两者具有相同的公称尺寸和配合公差,间隙配合的表面粗糙度精度比过渡配合和过盈配合的低些。因此,一般情况下,$\phi60H7/f6$ 配合表面粗糙度精度要求比 $\phi60H7/s6$ 配合表面低些,即 $\phi60H7/f6$ 配合表面的 Ra 或 Rz 值大于 $\phi60H7/s6$ 孔表面。

4.3 工程案例

案例 为了保证齿轮减速器输出轴的配合性质和使用性能,表面粗糙度的评定参数通常选择轮廓的算术平均偏差 Ra 的上限值,可采用类比法确定。参照零件设计手册中的相关经验表格(例如《轴和孔的表面粗糙度轮廓参数推荐值》(GB/T 275—1993),《轴承配合表面的表面粗糙度推荐值表》,以及键槽配合表面和非配合表面的粗糙度要求),基于类比法设计的该输出轴各轮廓表面的表面粗糙度如图 4.4 所示。

解答 (1) 两个 $\phi55k6$ 轴颈分别与两个相同规格的 0 级滚动轴承形成基孔制过盈配合,查阅《轴和孔的表面粗糙度轮廓参数推荐值》,对应尺寸公差等级为 IT6、公称尺寸为

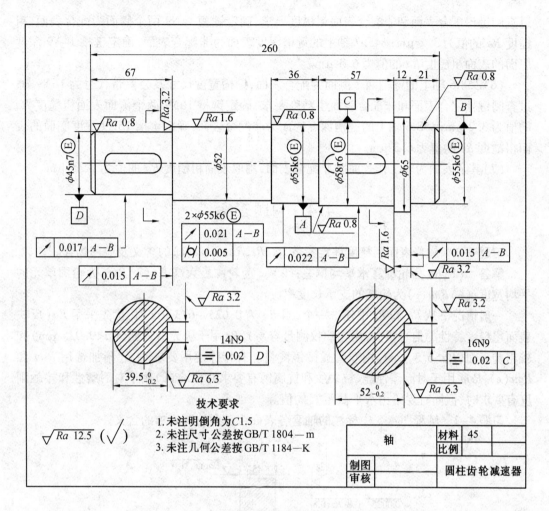

图 4.4 输出轴各轮廓表面的表面粗糙度标注

$\phi 55$ mm 的轴颈的表面粗糙度 Ra 的上限值对应为 0.8 μm;同时可查阅国家标准《轴承配合表面的表面粗糙度推荐值》(GB/T 275—1993)中规定的与 0 级滚动轴承相配合的轴颈为 6 级的尺寸精度,并采用磨的加工工艺,因此表面粗糙度 Ra 的值对应为 0.8 μm。综合考虑后确定两个 $\phi 55k6$ 轴颈的表面粗糙度 Ra 的值为 0.8 μm。

(2)$\phi 58r6$ 轴与齿轮孔为基孔制的过盈配合,要求保证定心及配合特性,查阅《轴和孔的表面粗糙度轮廓参数推荐值》,对应尺寸公差等级为 IT6、公称尺寸为 $\phi 58$ mm 的轴表面粗糙度 Ra 的上限值对应为 0.8 μm,由此确定 $\phi 58r6$ 轴表面粗糙度 Ra 的上限值为 0.8 μm。

(3)$\phi 45n7$ 轴与联轴器或传动件的孔配合,为了使传动平稳,必须保证定心和配合性质,通过查阅《轴和孔的表面粗糙度轮廓参数推荐值》,确定 $\phi 45n7$ 轴的表面粗糙度 Ra 的值为 0.8 μm。

(4)$\phi 52$ 的轴属于非配合尺寸,没有标注尺寸公差等级,其表面粗糙度参数 Ra 的值可以放宽要求,确定 $\phi 52$ 轴表面粗糙度 Ra 的值为 1.6 μm。

(5)$\phi 45n7$ 轴上的键槽两个侧面为工作表面,键槽宽度尺寸及公差带代号为 14N9,通过查阅键槽配合表面和非配合表面粗糙度要求,确定键槽 14N9 两个侧面为配合表面,粗糙度 Ra 的值为 3.2 μm;φ45n7 轴上的键槽深度表面为非配合表面,确定键槽 14N9 深度底面的表面粗糙度 Ra 的值为 6.3 μm。

(6) φ58r6 轴上的键槽两个侧面为配合表面,键槽宽度尺寸及公差带代号为 16N9,通过查阅键槽配合表面和非配合表面粗糙度要求,确定键槽 16N9 两个侧面表面粗糙度 Ra 的值为 3.2 μm;φ58r6 轴上的键槽深度底面为非配合表面,确定键槽 16N9 深度底面的表面粗糙度 Ra 的值为 6.3 μm。

(7) 其余表面为非工作表面和非配合表面,均取表面粗糙度 Ra 的值为 12.5 μm。

4.4 习题答案

习题 4-1 解释表面粗糙度评定参数 Ra、Rz、Rsm、$Rmr(c)$ 的含义及应用场合。

解答 (1) Ra 为轮廓算术平均偏差;(2) Rz 为轮廓最大高度;(3) Rsm 为轮廓单元的平均宽度;(4) $Rmr(c)$ 为轮廓的支承长度率。

一般情况下从 Ra 和 Rz 中任选一个,当 Ra 为 0.025~6.3 μm 时,优先采用 Ra(反映表面粗糙度特性的信息量大,用轮廓仪测量容易),Rz 用于极光滑表面($Ra<0.025$ μm)和较粗糙表面($Ra>6.3$ μm),用双管显微镜测量。有特殊使用要求时,才附加选用 Rsm 和 $Rmr(c)$,Rsm 用于对涂漆性能、抗裂纹和抗腐蚀有要求时;$Rmr(c)$ 用于对耐磨性和接触刚度有要求时,但同时要给出水平截距 C 的值。

习题 4-2 解释图 4.5 中标注的轴套各表面粗糙度轮廓要求的含义。

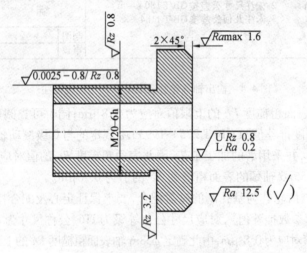

图 4.5 习题 4-2 轴套零件图

解答 6 处表面粗糙度的含义如图 4.6 所示。

(1) 表示用去除材料方法获得的螺纹大径表面,其表面轮廓单项上限值(默认)为轮廓的最大高度 $Rz=0.8$ μm。传输带采用 $\lambda_s=0.0025$ mm,$\lambda_c=0.8$ mm。默认评定长度 $l_n=5\lambda_c(l_r)=4$ mm 和极限值判断规则采用 16% 规则。

(2) 表示用去除材料方法获得的螺纹(工作)表面,其表面轮廓单项上限值(默认)为

第4章 表面粗糙度轮廓设计

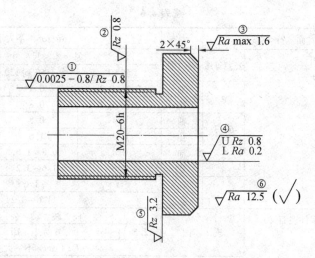

图4.6 习题4-2的答案

轮廓的最大高度 $Rz = 0.8$ μm。默认传输带、评定长度为 5 个取样长度（$l_n = 5l_r$）和采用"16%规则"。

(3) 表示用去除材料方法获得的倒角表面,其表面轮廓单项上限值。

(默认)为算术平均偏差 $Ra = 1.6$ μm。默认传输带和评定长度为 5 个取样长度（$l_n = 5l_r$）和采用"最大规则"。

(4) 表示用去除材料方法获得的内孔表面,其表面轮廓上限值为轮廓的最大高度 $Rz = 0.8$ μm；下限值为算术平均偏差 $Ra = 0.2$ μm。默认传输带、评定长度和"16%规则"。

(5) 表示用去除材料方法获得的端表面,其表面轮廓单项上限值为轮廓的最大高度 $Rz = 3.2$ μm。默认传输带、评定长度和"16%规则"。

(6) 表示用去除材料方法获得的其他表面轮廓单项上限值为轮廓的算术平均偏差 $Ra = 12.5$ μm。默认传输带、评定长度和"16%规则"。

习题4-3 参考表4.6用类比法分别确定 $\phi 50t5$ 轴和 $\phi 50T6$ 孔配合表面粗糙度轮廓幅度参数 Ra 的上限值或最大值。

解答 由表4.6得 $\phi 50t5:Ra \leq 0.2$ μm；$\phi 50T6:Ra$ 为 $0.4 \sim 0.8$ μm,取 $Ra \leq 0.4$ μm。

表4.6 轴和孔的表面粗糙度参数推荐值

表面特征		Ra/μm 不大于	
轻度装卸零件的配合表面（如挂轮、滚刀等）	公差等级 表面	基本尺寸 /mm	
		到50	大于50 到500
	5 轴	0.2	0.4
	孔	0.4	0.8
	6 轴	0.4	0.8
	孔	0.4~0.8	0.8~1.6
	7 轴	0.4~0.8	0.8~1.6
	孔	0.8	1.6
	8 轴	0.8	1.6
	孔	0.8~1.6	1.6~3.2

续表 4.6

表面特征	公差等级	表面	Ra/μm 不大于		
			基本尺寸 /mm		
过盈配合的配合表面 ①装配按机械压入法 ②装配按热处理法			到 50	大于 50 到 120	大于 120 到 500
	5	轴	0.1~0.2	0.4	0.4
		孔	0.2~0.4	0.8	0.8
	6~7	轴	0.4	0.8	1.6
		孔	0.8	1.6	1.6
	8	轴	0.8	0.8~1.6	1.6~3.2
		孔	1.6	1.6~3.2	1.6~3.2
	—	轴	1.6		
		孔	1.6~3.2		

表面特征		表面	径向跳动公差 /μm				
精密定心用配合的零件表面			2.5	4	6	10	16	25
			Ra (μm) 不大于				
		轴	0.05	0.1	0.1	0.2	0.4	0.8
		孔	0.1	0.2	0.2	0.4	0.8	1.6

表面特征		表面	公差等级		
滑动轴承的配合表面			6~9	10~12	液体湿摩擦条件
			Ra/μm 不大于		
		轴	0.4~0.8	0.8~3.2	0.1~0.4
		孔	0.8~1.6	1.6~3.2	0.2~0.8

习题 4-4 一般情况下，ϕ40H7 和 ϕ6H7、ϕ40H6/f5 和 ϕ40H6/s5 相比，其表面何者选用较小的表面粗糙度的上限值或最大值?

解答 (1)由于两者具有相同的公差等级，尺寸小的孔应具有较小的表面粗糙度数值。因此，一般情况下，ϕ40H7 孔表面粗糙度精度要求比 ϕ6H7 孔表面低些，即 ϕ40H7 孔表面的 Ra 或 Rz 值大于 ϕ6H7 孔表面。

(2)由于两者具有相同的公称尺寸和配合公差，间隙配合的表面粗糙度精度比过渡配合和过盈配合的低些。因此，一般情况下，ϕ40H6/f5 配合表面粗糙度精度要求比 ϕ40H6/s5 配合表面低些，即 ϕ40H6/f5 配合表面的 Ra 或 Rz 值大于 ϕ40H6/s5 配合表面。

习题 4-5 参考带孔齿坯图 4.7，试将下列的表面粗糙度轮廓的技术要求标注在图上(未注明要求的项目皆为默认的标准化值)。

(1)齿顶圆 a 的表面粗糙度轮廓幅度参数 Ra 的上限值为 2 μm;

(2)齿坯的两端面 b 和 c 的表面粗糙度参数 Ra 的最大值为 3.2 μm;

(3)ϕ30 孔最后一道工序为拉削加工，表面粗糙度轮廓幅度参数 Rz 的上限值为 2.5 μm，并注出加工纹理方向;

(4)键槽两侧面表面粗糙度轮廓参数 Ra 的上限值为 3.2 μm，底面为 6.3 μm;

(5)其余表面的表面粗糙度轮廓参数 Ra 的最大值为 25 μm。

解答 标注答案如图 4.8 所示。

习题 4-6 将下列要求标注在图 4.9 上。

(1)直径为 ϕ50 的圆柱外表面粗糙度 Ra 的上限值为 3.2 μm;

(2)左端面的表面粗糙度 Ra 的上限值为 1.6 μm;

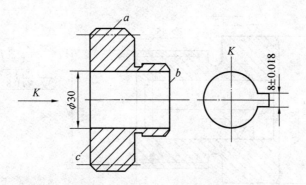

图 4.7 习题 4-5 带孔齿坯图

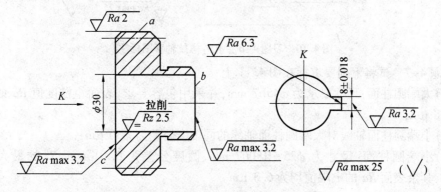

图 4.8 习题 4-5 带孔齿坯标注答案

(3) 直径 $\phi 50$ 的圆柱右端面的表面粗糙度 Ra 的上限值为 3.2 μm；
(4) 内孔表面粗糙度 Rz 的上限值为 3.2 μm；
(5) 螺纹工作面的表面粗糙度 Ra 的上限值为 1.6 μm，下限值为 0.8 μm；
(6) 其余各加工面的表面粗糙度 Ra 的最大值为 25 μm；
(7) 各加工面均采用去除材料的方法获得。

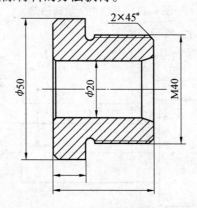

图 4.9 习题 4-6 带孔外螺纹轴套图

解答 标注答案如图 4.10 所示。

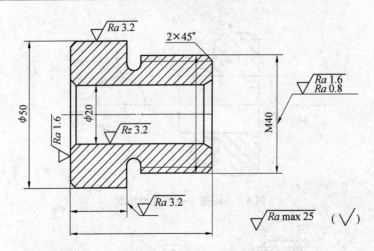

图 4.10　习题 4-6 带孔外螺纹轴套图标注

习题 4-7　试将下列要求标在图 4.11 上：

(1) 大端圆柱面：尺寸要求为 ϕ45h7 mm，并采用包容要求，表面粗糙度值 Ra 的上限值为 0.8 μm；

(2) 小端圆柱面轴线对大端圆柱面轴线的同轴度公差为 ϕ30 μm；

(3) 小端圆柱面：尺寸为 ϕ25±0.007 mm，圆度公差为 0.01 mm，Rz 的最大值为 1.6 μm，其余表面 Ra 的上限值均为 6.3 μm。

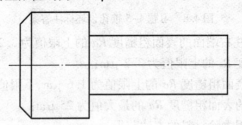

图 4.11　习题 4-7 阶梯轴图

解答　标注答案如图 4.12 所示。

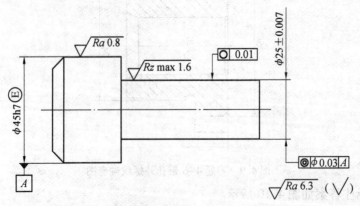

图 4.12　习题 4-7 阶梯轴标注答案

第 5 章　滚动轴承结合的精度设计

5.1　重难点讲解

滚动轴承结合的精度设计是典型零部件中圆柱结合精度设计的重要部分之一,也是教学和考试的重点内容之一。本章的重要知识点包括滚动轴承的公差等级、与之配合件轴颈和基座孔的精度设计。

1. 滚动轴承的公差等级及其应用范围(表 5.1)

表 5.1　滚动轴承的公差等级及其应用范围

精度等级	应用场合	应用实例
0 级(普通级)	精度不高和转速低的旋转机构	如变速机构、进给机构、水泵、压缩机
6 级(中等级)	精度和转速较高的旋转机构	普通机床主轴承、精密机床传动轴
5、4 级(精密级)	转速和旋转精度高的旋转机构	精密机床主轴支承、精密仪器和机械的轴承
2 级(超精级)	旋转精度和转速很高的旋转机构	坐标镗床主轴支承、高精度、高转速仪器轴承

学会查表 5.2 获取轴承内圈和外圈的极限偏差。

2. 滚动轴承内、外径公差特点(图 5.1~图 5.3)

(1)内圈采用特殊的基准制(ES=0 特殊的基孔制)。

(2)外圈采用基准制(es=0)。

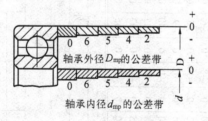

图 5.1　轴承外径和内径的公差带

表 5.2　向心轴承(圆锥滚子轴承除外)公差(摘自 GB/T 307.1—2005)

内圈技术条件																												
公称内径/mm		外形尺寸公差/μm																旋转精度/μm										
		内径														宽度		K_{ia}					S_d			S_{ia}		
		Δd_{mp}										Δd_s				ΔB_S												
		0		6		5		4		2		4		2		0 6 5 4 2		0	6	5	4	2	5	4	2	5	4	2
超过	到	上偏差	下偏差	上偏差	下偏差	上偏差	下偏差	上偏差	下偏差	上偏差	下偏差	上偏差	下偏差	上偏差	下偏差	上偏差	下偏差	max	max	max	max	max	max	max	max	max	max	max
18	30	0	−10	0	−8	0	−6	0	−5	0	−2.5	0	−5	0	−2.5	0	−120	13	8	4	3	2.5	8	4	1.5	8	4	2.5
30	50	0	−12	0	−10	0	−8	0	−6	0	−2.5	0	−6	0	−2.5	0	−120	15	10	5	4	2.5	8	4	1.5	8	4	2.5
50	80	0	−15	0	−12	0	−9	0	−7	0	−4	0	−7	0	−4	0	−150	20	10	5	4	2.5	8	5	1.5	8	5	2.5
80	120	0	−20	0	−15	0	−10	0	−8	0	−5	0	−8	0	−5	0	−200	25	13	6	5	2.5	9	5	2.5	9	5	2.5
120	150	0	−25	0	−18	0	−13	0	−10	0	−7	0	−10	0	−7	0	−250	30	18	8	6	2.5	10	6	2.5	10	7	2.5
150	180	0	−25	0	−18	0	−13	0	−10	0	−7	0	−10	0	−7	0	−250	30	18	8	6	5	10	6	4	10	7	5
180	250	0	−30	0	−22	0	−15	0	−12	0	−8	0	−12	0	−8	0	−300	40	20	10	8	5	11	7	5	13	8	5

外圈技术条件																															
公称外径/mm		外形尺寸公差/μm																旋转精度/μm													
		外径														宽度		K_{ea}					S_D S_{D1}			S_{ea}			S_{ea1}		
		ΔD_{mp}										ΔD_s				$\Delta C_S \Delta C_{1S}$															
		0		6		5		4		2		4		2		0 6 5 4 2		0	6	5	4	2	5	4	2	5	4	2	5	4	2
超过	到	上偏差	下偏差	上偏差	下偏差	上偏差	下偏差	上偏差	下偏差	上偏差	下偏差	上偏差	下偏差	上偏差	下偏差	上偏差	下偏差	max max	max max	max max	max max	max max	max max	max	max	max	max	max	max	max	max
30	50	0	−11	0	−9	0	−7	0	−6	0	−4	0	−6	0	−4	与同一轴承内圈的 ΔB_S 相同		20	10	7	5	2.5	8	4	1.5	8	5	2.5	11	7	4
50	80	0	−13	0	−11	0	−9	0	−7	0	−4	0	−7	0	−4			25	13	8	5	4	8	4	1.5	10	5	4	14	7	6
80	120	0	−15	0	−13	0	−10	0	−8	0	−5	0	−8	0	−5			35	18	10	6	5	9	5	2.5	11	6	5	16	8	7
120	150	0	−18	0	−15	0	−11	0	−9	0	−5	0	−9	0	−5			40	20	11	7	5	10	5	2.5	13	7	5	18	10	7
150	180	0	−25	0	−18	0	−13	0	−10	0	−7	0	−10	0	−7			45	23	13	8	5	10	5	2.5	14	8	5	20	11	7
180	250	0	−30	0	−20	0	−15	0	−11	0	−8	0	−11	0	−8			50	25	15	10	7	11	7	4	15	10	7	21	14	10
250	315	0	−35	0	−25	0	−18	0	−13	0	−8	0	−13	0	−8			60	30	18	11	7	13	8	5	18	10	7	25	14	10

(3)轴承外径与孔的公差带(基轴制)(图5.2)。

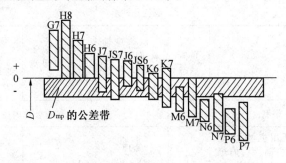

图 5.2 轴承外径与孔配合的常用公差带(基轴制)

(4)轴承内径与轴的公差带(基孔制)(图5.3)。

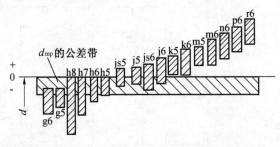

图 5.3 轴承内径与轴配合的常用公差带(基孔制)

从图 5.3 中可以看出,轴承内圈与轴的配合比极限与配合标准中基孔制的配合要紧。

3. 滚动轴承配合特点

(1)标准部件,是配合的基准件。
(2)薄壁件,因需常拆卸,故一般选较松的过盈配合或过渡配合。
(3)易损件,因易变形,故配合尺寸为平均尺寸。

4. 滚动轴承配合选用

配合选用依据配合表面的几何公差和表面粗糙度以及公差在图样上的标注。

(1)负荷类型包括 3 种:旋转负荷、定向负荷、摆动负荷。
(2)负荷大小包括 3 种:
①轻负荷(负荷 $P \leqslant 0.07C$);
②正常负荷:负荷 $0.07C < P \leqslant 0.15C$;
③重负荷:负荷 $P > 0.15C$;其中 P 是实际负荷,C 为额定负荷。
(3)孔、轴公差带的选用。

向心轴承和轴、外壳的尺寸公差带的设计,可查表 5.3 和表 5.4,根据负荷类型和负荷大小以及公称直径,得到轴和外壳的尺寸公差带。

表 5.3　向心轴承和轴的配合　轴公差带代号（摘自 GB/T 275—93）

运转状态		负荷状态	圆柱孔轴承			公差带
			深沟球轴承、调心球轴承和角接触球轴承	圆柱滚子轴承和圆锥滚子轴承	调心滚子轴承	
说明	举例		轴承公称内径/mm			
旋转的内圈负荷及摆动负荷	一般通用机械、电动机、机床主轴、泵、内燃机、直齿轮传动装置、铁路机车车辆轴箱、破碎机等	轻负荷	≤18 >18~100 >100~200 —	— ≤40 >40~140 >140~200	— ≤40 >40~100 >100~200	h5 j6① k6① m6①
		正常负荷	≤18 >18~100 >100~140 >140~200 >200~280	— ≤40 >40~100 >100~140 >140~200 >200~400	— ≤40 >40~65 >65~100 >100~140 >140~280 >280~500	j5、js5 k5② m5② m6 n6 p6 r6
		重负荷	>50~140 >140~200 >200 —	>50~100 >100~140 >140~200 >200		n6 p6③ r6 r7
固定的内圈负荷	静止轴上的各种轮子、张紧轮、绳轮、振动筛、惯性振动器	所有负荷	所有尺寸			f6 g6① h6 j6
仅有轴向负荷			所有尺寸			j6、js6
圆锥孔轴承						
所有负荷	铁路机车车辆轴箱		装在退卸套上的所有尺寸			h8(IT6)⑤④
	一般机械传动		装在紧定套上的所有尺寸			h9(IT7)⑤④

注：① 凡对精度有较高要求的场合，应用 j5、k5、… 代替 j6、k6、…
② 圆锥滚子轴承、角接触球轴承配合对游隙影响不大，可用 k6、m6 代替 k5、m5
③ 重负荷下轴承游隙应选大于 0 组的游隙
④ 凡有较高精度或转速要求的场合，应选用 h7(IT5)代替 h8(IT6)等
⑤ IT6、IT7 表示圆柱度公差数值

第5章 滚动轴承结合的精度设计

表5.4 向心轴承和外壳的配合 孔公差带代号(摘自 GB/T 275—93)

运转状态		负荷状态	其他状况	公差带[1]	
说明	举例			球轴承	滚子轴承
固定的外圈负荷	一般机械、铁路机车车辆轴箱、电动机、泵、曲轴主轴承	轻、正常、重	轴向易移动,可采用剖分式外壳	H7、G7[2]	
		冲击	轴向能移动,可采用整体或剖分式外壳	J7、Js7	
摆动负荷		轻、正常			
		正常、重		K7	
		冲击		M7	
旋转的外圈负荷	张紧滑轮、轮毂轴承	轻	轴向不移动,采用整体式外壳	J7	K7
		正常		K7、M7	M7、N7
		重		—	N7、P7

注:[1] 并列公差带随尺寸的增大从左至右选择,对旋转精度有较高要求时,可相应提高一个公差等级
[2] 不适用于剖分式外壳

(4)孔、轴几何公差选用。

轴颈和外壳孔的几何公差设计包括圆柱度和轴向圆跳动,通过查表5.5获取。

表5.5 轴和外壳的几何公差(摘自 GB/T 275—93)

基本尺寸/mm		圆柱度 t				轴向圆跳动 t_1			
		轴颈		外壳孔		轴肩		外壳孔肩	
		轴承公差等级							
		0	6(6X)	0	6(6X)	0	6(6X)	0	6(6X)
超过	到	公 差 值/μm							
	6	2.5	1.5	4	2.5	5	3	8	5
6	10	2.5	1.5	4	2.5	6	4	10	6
10	18	3.0	2.0	5	3.0	8	5	12	8
18	30	4.0	2.5	6	4.0	10	6	15	10
30	50	4.0	2.5	7	4.0	12	8	20	12
50	80	5.0	3.0	8	5.0	15	10	25	15
80	120	6.0	4.0	10	6.0	15	10	25	15
120	180	8.0	5.0	12	8.0	20	12	30	20
180	250	10.0	7.0	14	10.0	20	12	30	20

(5)表面粗糙度。

轴颈和外壳孔配合面的表面粗糙度设计包括配合面和端面两处,通过查表5.6获取。

表5.6 配合面的表面粗糙度(摘自 GB/T 275—93)

轴或轴承座直径/mm		轴或外壳配合表面直径公差等级							
		IT7			IT6			IT5	
		表面粗糙度							
		Rz	Ra		Rz	Ra		Rz	Ra	
超过	到		磨	车		磨	车		磨	车
	80	10	1.6	3.2	6.3	0.8	1.6	4	0.4	0.8
80	500	16	1.6	3.2	10	1.6	3.2	6.3	0.8	1.6
端面		25	3.2	6.3	25	3.2	6.3	10	1.6	3.2

5. 滚动轴承配合的精度设计流程

滚动轴承配合的精度设计包括滚动轴承自身精度设计、轴颈和机座孔尺寸精度、几何精度和表面粗糙度设计。首先选取滚动轴承的精度等级(0、6、5、4、2 共 5 级)。结合表5.2学习滚动轴承内圈和外圈的极限偏差查取方法。接着设计与轴承配合的轴颈和机座孔的尺寸精度:根据负载类型和负载大小,结合表5.3和表5.4确定轴颈、机座孔的尺寸公差带;然后结合表5.5确定轴颈和机座孔的几何公差,包括圆柱面的圆柱度和端面的圆跳动;最后结合表5.6确定表面粗糙度,包括圆柱面和端面的表面粗糙度。滚动轴承结合的精度设计流程如图5.4所示。

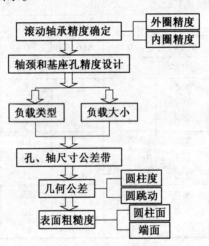

图 5.4 滚动轴承结合的精度设计流程

5.2 例题解析

例题 5-1 滚动轴承的公差等级分为哪几级?

解答 滚动轴承的公差等级分为 0、6、5、4、2(5 级),其中 0 级精度最低;其他级随数字增大依次增高。

例题 5-2 某 6 级滚动轴承尺寸为 $\phi 40 \times \phi 90 \times 23$,求其外、内圈尺寸公差?

第 5 章 滚动轴承结合的精度设计

解答 查向心轴承公差表(表5.2),可得到外圈的上偏差为0,下偏差为-13 μm;内圈的上偏差为0,下偏差为-10 μm。

例题 5-3 滚动轴承与孔、轴配合的特点是什么?

解答 (1)标准部件,是配合的基准件;(2)易损件,因常需拆卸,故一般选较松的过盈配合或过渡配合;(3)薄壁件,因易变形,故配合尺寸为平均尺寸。

例题 5-4 某滚动轴承内圈的尺寸公差为 10 μm,请问其上偏差为多少?下偏差为多少?

解答 上偏差为0,下偏差为-10 μm。

例题 5-5 滚动轴承的负荷类型分为哪几类?并举例说明。

解答 滚动轴承的负载类型分为旋转负荷、定向负荷和摆动负荷。减速器中的轴承内圈为旋转负荷,外圈为定向负荷,振动筛、旋转木马中的轴承属于摆动负荷。

例题 5-6 滚动轴承的负荷大小分为哪几类?如何判别?

解答 滚动轴承的负载大小分为轻负荷、正常负荷和重负荷。

设 P 为径向当量负荷,C 为径向额定动负荷。

$P \leqslant 0.07C$ 时为轻负荷;$0.07C < P \leqslant 0.15C$ 时为正常负荷;$P > 0.15C$ 时为重负荷。

例题 5-7 某6级向心轴承,$d = \phi 45$ mm,$D = \phi 100$ mm。请问:轴的颈圆柱度为多少?轴肩轴向圆跳动为多少?外壳孔的圆柱度为多少?外壳孔肩轴向圆跳动为多少?

解答 查询轴和外壳的几何公差表(表5.5),可得到轴颈的圆柱度 $t = 2.5$ μm,轴肩的轴向圆跳动 $t_1 = 8$ μm;外壳孔的圆柱度 $t = 6$ μm,外壳孔肩的轴向圆跳动 $t_1 = 15$ μm。

例题 5-8 与某滚动轴承内圈配合轴颈公差带为 $d = \phi 45$h6,与外圈配合外壳孔的公差带为 $D = \phi 100$J7。请确定轴颈 Ra 的上限值为多少?端面为多少?外壳孔 Ra 的上限值为多少?端面为多少?

解答 查询配合表面的表面粗糙度表(表5.6),可得到轴颈采用磨的加工方法,其 Ra 的上限值为 0.8 μm;端面采用磨的加工方法为 3.2 μm。外壳孔 Ra 的上限值采用磨的加工方法为 1.6 μm;端面采用磨的加工方法为 3.2 μm。

例题 5-9 如图 5.5 所示为某一级齿轮减速器的小齿轮轴,由6级单列向心轴承($d \times D \times B = \phi 40 \times \phi 90 \times 23$)支承。$P = 4\,000$ N,$C = 32\,000$ N。试用类比法确定外壳孔、轴颈公差,并标注在装配图和零件图上。

解答 (1)求轴颈和外壳孔的公差带。

①轴承内圈承受负荷:旋转负荷;

②负荷大小:因为 $P/C = 4\,000/32\,000 = 0.125$,所以为正常负荷$((0.07 \sim 0.15)C)$。

③查表5.3,可以得到轴公差带为 $\phi 40$k5,查表5.4,可以得到外壳孔的公差带为 H7。因为齿轮旋转精度较高,可提高一个公差等级,所以取 $\phi 90$H6。

④查表5.2,得到轴承的极限偏差:

轴承内圈极限偏差为 ES = 0,EI = -10 μm;轴承外圈极限偏差为 es = 0,ei = -13 μm。

⑤尺寸公差带图如图 5.6 所示。

(2)求配合表面的几何公差。

轴的圆柱度公差 $t = 0.002\,5$ mm,轴向圆跳动 $t = 0.008$ mm;孔的圆柱度公差 $t =$

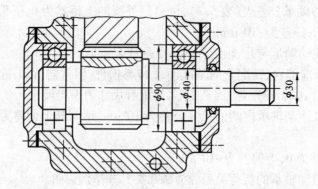

图 5.5 例题 5-9 齿轮减速器的小齿轮轴

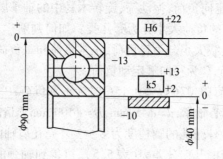

图 5.6 例题 5-9 尺寸公差带图

0.006 mm，轴向圆跳动 $t=0.015$ mm；

(3) 求各表面的 Ra 上限值。

ϕ40k5 的轴颈为 0.4 μm，轴肩为 1.6 μm。孔：ϕ90H6 外壳孔为 1.6 μm，外壳孔肩为 3.2 μm。

(4) 装配图的标注如图 5.7 所示。

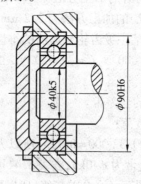

图 5.7 例题 5-9 轴承装配图

零件图的标注如图 5.8 所示。

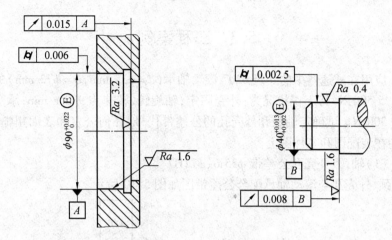

图 5.8 例题 5-9 零件图

例题 5–10 皮带轮内孔与轴的配合为 ϕ40H7/js6,0 级滚动轴承内圈与轴的配合为 ϕ40js6,试画出上述两种配合的尺寸公差带图。并根据平均过盈或平均间隙比较它们的配合的松紧。

解答 (1) 0 级深沟球轴承内径为 ϕ40 mm,查表 5.2 可得,轴承内圈平均直径的上下极限偏差分别为 0 和 -12 μm,查表 2.2、表 2.4、表 2.5 可得:ϕ40H7 的上下极限偏差分别为 $+25$ μm 和 0,ϕ40js6 的上下极限偏差分别为 -8 μm 和 $+8$ μm。将皮带轮内孔与轴配合 ϕ40H7/js6、0 级滚动轴承内圈与轴配合 ϕ40js6 绘制在图 5.9 中。

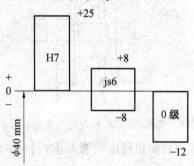

图 5.9 例题 5-10 尺寸公差带图

(2) 皮带轮内孔与轴 ϕ40H7/js6,形成了过渡配合。

$$X_{max} = ES - ei = +33 \text{ μm}, \quad Y_{max} = EI - es = -8 \text{ μm}$$

$$X_{av} = \frac{X_{max} + Y_{max}}{2} = +12.5 \text{ μm}$$

(3) 0 级轴承内圈与轴 ϕ40js6,也形成了过渡配合。

$$X_{max} = ES - ei = +8 \text{ μm}, \quad Y_{max} = EI - es = -20 \text{ μm}$$

$$Y_{av} = \frac{X_{max} + Y_{max}}{2} = -6 \text{ μm}$$

(4) 结论:轴承与轴的配合比皮带轮与轴的配合要紧。

5.3 工程案例

案例 应用在减速器中的 0 级 6207 滚动轴承（$d=\phi35$ mm，$D=\phi72$ mm）的基本额定动负荷 $C=25\,500$ N，其工作状况为：外壳固定，轴旋转，转速为 980 r/min，承受的定向径向载荷为 1 300 N。试确定轴颈和外壳孔的公差带代号、几何公差和表面粗糙度数值，并将它们标注在装配图和零件图上。

解答 （1）轴颈、外壳孔公差带 $\phi35j6$、$\phi72H7$。

（2）轴颈、外壳孔与滚动轴承配合公差带图如图 5.10 所示。

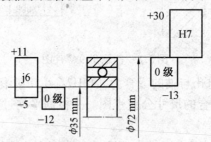

图 5.10 案例中公差带图

（3）轴颈、外壳孔与滚动轴承配合在装配图上的标注如图 5.11 所示。

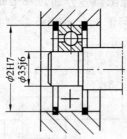

图 5.11 案例中轴颈、外壳孔与滚动轴承装配图

（4）尺寸公差、几何公差和表面粗糙度轮廓要求在轴颈零件图上的标注如图 5.12 所示。

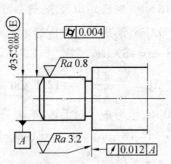

图 5.12 案例中轴颈零件图

（5）尺寸公差、几何公差和表面粗糙度轮廓要求在外壳孔零件图上的标注如图 5.13

所示。

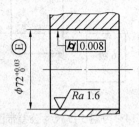

图 5.13 案例中外壳孔零件图

5.4 习题答案

习题 5-1 滚动轴承的精度是依据什么来划分的？共有几级？代号是什么？

解答 滚动轴承的精度是依据内径、外径、宽度尺寸精度和旋转精度来划分的，共有 5 级，代号是 0、6、5、4、2。

习题 5-2 国家标准规定滚动轴承内圈内径及外圈外径公差带与一般基孔制的基准孔及一般基轴制的基准轴公差带有什么不同？为什么这样规定？

解答 国家标准规定滚动轴承外圈的基轴制与一般基轴制相同，滚动轴承内圈内径采用特殊的基孔制，即上偏差 ES=0 的基准制。这是为了解决采用普通基孔制形成的配合往往较松，容易造成打滑的现象。为了解决这个问题，采用了特殊的基孔制。

习题 5-3 选择滚动轴承的配合时，应考虑哪些因素？

解答 选择滚动轴承的配合时，应考虑负荷类型、负荷大小及工作温度等因素。

习题 5-4 滚动轴承与孔、轴结合的精度设计内容有哪些？

解答 (1) 滚动轴承与孔、轴结合的精度设计内容包括滚动轴承内圈和外圈的极限偏差设计；

(2) 与内圈配合的轴颈的尺寸精度设计、几何精度设计和表面粗糙度设计；

(3) 与外圈配合的外壳孔的尺寸精度设计、几何精度设计和表面粗糙度设计。

习题 5-5 某机构中采用 6 级深沟球轴承 6409，内圈内径为 $\phi 45$ mm，外圈外径为 $\phi 100$ mm，选择内圈与轴颈的配合公差带为 j5，外圈与外壳孔的配合公差带为 H6，试画出配合的尺寸公差带图，并计算配合的极限过盈和极限间隙？

解答 轴承内圈和外圈平均直径的上下极限偏差分别为 0、-10 μm 和 0、-13 μm，$\phi 45$ j5 的上下极限偏差分别为 -5 μm 和 $+6$ μm，$\phi 100$ H6 的上下极限偏差分别为 $+22$ μm 和 0 μm。内圈与轴颈的尺寸公差带图如图 5.14 所示。内圈与轴颈形成了过渡配合：X_{max} = ES-ei = $+5$ μm，Y_{max} = EI-es = -16 μm。

外圈与外壳孔的尺寸公差带图如图 5.15 所示。外圈与外壳孔形成了极限配合 X_{max} = ES-ei = $+35$ μm，X_{min} = EI-es = 0。

习题 5-6 某减速器采用 6 级深沟球轴承，如图 5.16 所示，内圈内径为 $\phi 45$ mm，外圈外径为 $\phi 85$ mm，基本额定径向动负荷 C_r = 25.6 kN，当量径向动负荷 P_r = 2 kN，轴的转速为 960 r/min，试确定轴颈和外壳孔的公差带代号、几何公差和表面粗糙度参数值，并将

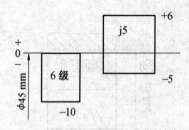

图 5.14 习题 5-5 尺寸公差带图 1

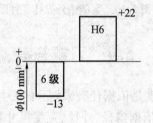

图 5.15 习题 5-5 尺寸公差带图 2

设计结果分别标注在装配图和零件图上。

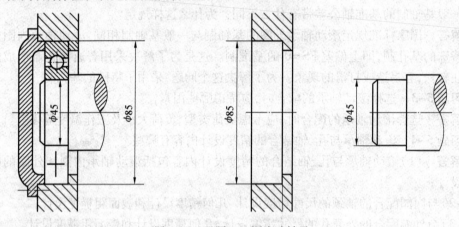

图 5.16 习题 5-6 深沟球轴承

解答 (1) 求轴颈和外壳孔的公差带。

轴承内圈承受负荷为旋转负荷;因为 $P_r/C_r = 2\,000/25\,600 = 0.078$,所示负荷大小为正常负荷 $(0.07C \sim 0.15C)$。轴公差带为 $\phi 45k5$,外壳孔的公差带为 H7,齿轮旋转精度较高,可提高一个公差等级,取 $\phi 85H6$。轴承内圈极限偏差为 ES=0, EI=−10 μm;轴承外圈极限偏差为 es=0, ei=−13 μm。绘制尺寸公差带图,如图 5.17 所示。

(2) 求配合表面的几何公差。

轴:圆柱度公差 $t=0.002\,5$ mm,轴向圆跳动 $t=0.008$ mm;

孔:圆柱度公差 $t=0.006$ mm,轴向圆跳动 $t=0.015$ mm。

(3) 求各表面的 Ra 上限值。

轴:$\phi 45k5$ 的轴颈 0.4 μm,轴肩 1.6 μm。

孔:$\phi 85H6$:外壳孔 1.6 μm,外壳孔肩 3.2 μm。

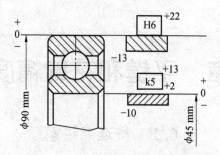

图 5.17 习题 5-6 尺寸公差带图

（4）装配图的精度标注如图 5.18 所示。

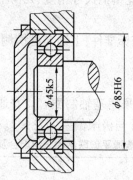

图 5.18 习题 5-6 装配图精度标注

零件图的精度标注如图 5.19 所示。

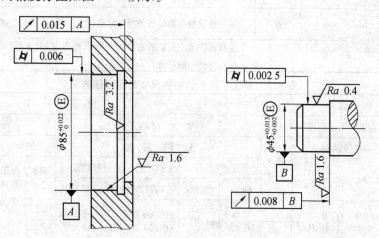

图 5.19 习题 5-6 零件图精度标注

第6章 平键和花键精度设计

6.1 重难点讲解

平键和花键的精度设计是典型零部件中平面结合精度设计的重要部分之一。本章需要掌握的重要知识点包括平键和花键的尺寸精度、几何精度和表面粗糙度设计。

1. 平键结合的特点

平键结合的特点:平键是国家标准件;平键与键槽侧面配合,平键以侧面相互接触传递转矩,宽度 b 为配合尺寸。

2. 平键结合的公差

(1)尺寸精度设计:平键配合采用基轴制配合。普通平键联结的三组配合及其应用见表 6.1。普通平键和键槽的尺寸与极限偏差见表 6.2。

表 6.1 普通平键联结的三组配合及其应用

配合种类	宽度 b 的公差带			应 用
	键	轴键槽	轮毂键槽	
松联结		H9	D10	用于导向平键,轮毂在轴上移动
正常联结	h8	N9	JS9	键在轴键槽中和轮毂键槽中均固定,用于载荷不大的场合
紧密联结		P9	P9	键在轴键槽中和轮毂键槽中均牢固地固定,用于载荷较大、有冲击和双向转矩的场合

表 6.2 普通平键和键槽的尺寸与极限偏差

公称直径 d	键尺寸 $b \times h$	键		键槽							
		宽度	高度	宽度 b					深度		
		极限偏差	极限偏差	基本尺寸	极限偏差				轴 t_1		毂 t_2
		b:h8	h:h11 (h8)*		正常联结		紧密联结	松联结			
					轴 N9	毂 JS9	轴和毂 P9	轴 H9	毂 D10	基本尺寸	极限偏差	基本尺寸	极限偏差

公称直径 d	键尺寸 $b\times h$	b:h8	h:h11(h8)*	基本尺寸	轴 N9	毂 JS9	轴和毂 P9	轴 H9	毂 D10	轴 t_1 基本	轴 t_1 极限	毂 t_2 基本	毂 t_2 极限
自6~8	2×2	0 −0.014	(0 −0.014)	2	−0.004 −0.029	±0.012 5	−0.006 −0.031	+0.025 0	+0.060 +0.020	1.2	+0.1 0	1.0	+0.1 0
>8~10	3×3			3						1.8		1.4	
>10~12	4×4			4						2.5		1.8	
>12~17	5×5	0 −0.018	(0 −0.018)	5	0 −0.030	±0.015	−0.012 −0.042	+0.030 0	+0.078 +0.030	3.0		2.3	
>17~22	6×6			6						3.5		2.8	

续表6.2

公称直径 d	键尺寸 b×h	键 宽度 极限偏差 b: h8	键 高度 极限偏差 h: h11 (h8)*	键槽 宽度 b 基本尺寸	键槽 宽度 b 极限偏差 正常联结 轴 N9	键槽 宽度 b 极限偏差 正常联结 毂 JS9	键槽 宽度 b 极限偏差 紧密联结 轴和毂 P9	键槽 宽度 b 极限偏差 松联结 轴 H9	键槽 宽度 b 极限偏差 松联结 毂 D10	键槽 深度 轴 t_1 基本尺寸	键槽 深度 轴 t_1 极限偏差	键槽 深度 毂 t_2 基本尺寸	键槽 深度 毂 t_2 极限偏差
>22~30	8×7	0 −0.022		8	0 −0.036	±0.018	−0.015 −0.051	+0.036 0	+0.098 +0.040	4.0		3.3	
>30~38	10×8			10						5.0		3.3	
>38~44	12×8		0 −0.090	12						5.0		3.3	
>44~50	14×9	0 −0.027		14	0 −0.043	±0.0215	−0.018 −0.061	+0.043 0	+0.120 +0.050	5.5		3.8	
>50~58	16×10			16						6.0	+0.2 0	4.3	+0.2 0
>58~65	18×11			18						7.0		4.4	
>65~75	20×12			20						7.5		4.9	
>75~85	22×14	0 −0.033	0 −0.110	22	0 −0.052	±0.026	−0.022 −0.074	+0.052 0	+0.149 +0.065	9.0		5.4	
>85~95	25×14			25						9.0		5.4	
>95~110	28×16			28						10.0		6.4	

(2)配合表面的几何公差:为保证键与键槽的配合要求,规定键槽两侧面的中心平面对其轴线的对称度公差。其公差值取7~9级。

(3)配合表面的表面粗糙度:配合表面 Ra 上限值一般取 1.6~3.2 μm,非配合表面 Ra 取 6.3 μm。

3. 平键零件图精度标注示例(图 6.1)

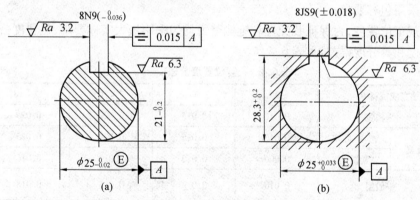

图 6.1 平键零件图精度标注

4. 矩形花键结合的特点

与平键联结相比,花键联结有联结可靠、强度高、可传递较大扭矩,且孔轴定心精度高、导向精度高等优点。GB/T 1144—2001 规定小径 d 定心。小径定心的优点:小径较容易保证较高的加工精度和表面硬度;有利于简化加工工艺、减少成本,小径热处理后容易加工,易于保证表面质量。因此,对小径 d 有较高的精度要求,为减少拉刀的数目,采用基孔制配合。

5. 矩形花键结合的公差选用

(1) 内外花键的尺寸公差带见表 6.3。

表 6.3 内外花键的尺寸公差带

内花键		B		外花键			装配形式
d	D	拉削后不热处理	拉削后热处理	d	D	B	
一般用							
H7	H10	H9	H11	f7	a11	d10	滑动
				g7		f9	紧滑动
				h7		h10	固定
精密传动用							
H5	H10	H7、H9		f5	a11	d8	滑动
				g5		f7	紧滑动
				h5		h8	固定
H6				f6		d8	滑动
				g6		f7	紧滑动
				h6		d8	固定

注:① 精密传动用的内花键,当需要控制键侧配合间隙时,槽宽可选用 H7,一般情况下可选用 H9
② d 为 H6Ⓔ 和 H7Ⓔ 的内花键,允许与提高一级的外花键配合

(2) 几何公差。

① 小径采用包容要求;

② 一般规定位置度,为保证装配性和键侧受力均匀采用最大实体要求,位置度公差用于控制对称度和等分度误差,见表 6.4。

表 6.4 花键位置度公差   mm

	键槽宽或键宽 B		3	3.5~6	7~10	12~18
位置度公差 t_1	键槽宽		0.010	0.015	0.020	0.025
	键宽	滑动、固定	0.010	0.015	0.020	0.025
		紧滑动	0.006	0.010	0.013	0.016
对称度公差 t_2	一般用		0.010	0.012	0.015	0.018
	精密传动用		0.006	0.008	0.009	0.011

(3) 矩形花键表面粗糙度见表 6.5。

表 6.5 矩形花键表面粗糙度推荐值   μm

加工表面	内花键	外花键
	Ra 不大于	
大径	6.3	3.2
小径	0.8	0.8
键侧	3.2	0.8

第6章 平键和花键精度设计

6. 花键配合图纸标注

（1）装配图上的标注示例如图 6.2 所示。

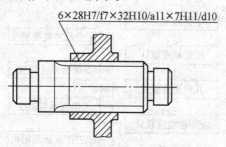

图 6.2　花键装配图尺寸配合公差标注

（2）零件图的标注如图 6.3 和图 6.4 所示。

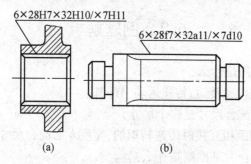

图 6.3　花键零件图尺寸公差标注

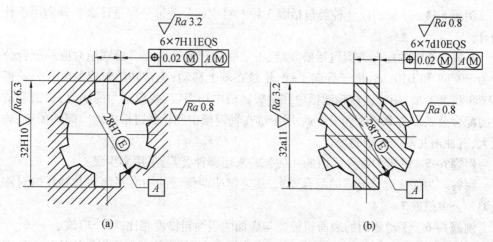

图 6.4　花键零件图公差标注

7. 平键精度设计流程

平键的精度设计包括 3 部分内容:平键的尺寸精度设计、几何精度设计和表面粗糙度设计。首先设计平键的尺寸精度:平键的设计尺寸是平键的宽度,平键与键槽和轮毂槽形成 3 种配合形式,松联结、正常联结和紧密联结;除了宽度外,其高度和长度也要求非配合尺寸精度设计。然后设计平键的几何精度:平键的工作表面为键槽的两个侧面,需要对键槽和轮毂槽提出对称度的几何公差要求,精度等级选取 7～9 级。最后设计平键的表面粗糙度：工作表面为键槽的两个侧面，表面粗糙度选取 3.2 μm，而键槽的底面是非工作表面，表面粗糙度选取 6.3 μm。平键精度设计流程如图 6.5 所示。

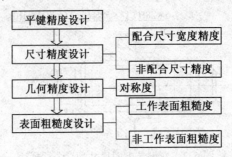

图 6.5　平键精度设计流程

6.2　例题解析

例题 6-1　键的作用是什么？

解答　键的作用是传递转矩、传递运动、导向。

例题 6-2　平键的配合尺寸是哪个尺寸？

解答　平键是以侧面相互接触传递转矩的，宽度 b 为配合尺寸。

例题 6-3　平键结合的基准制是什么？

解答　平键是标准件，采用基轴制。

例题 6-4　平键的配合种类包括哪 3 种？对应的公差带分别是什么？分别用于什么场合？

解答　平键的配合类型包括松联结、正常联结和紧密联结。松联结对应的配合公差带为 H9/h8 和 D10/h8，用于导向平键，轮毂在轴上移动；正常联结对应的配合公差带为 N9/h8 和 JS9/h8，用于键在轴键槽中和轮毂键槽中均固定、载荷不大的场合；紧密联结对应的配合公差带为 P9/h8 和 P9/h8，用于键在轴键槽中和轮毂键槽中均牢固地固定、载荷较大、有冲击和双向转矩的场合。

例题 6-5　平键的配合表面的几何公差采用哪种公差，采用多少级？

解答　为保证键与键槽的配合要求，规定键槽两侧面的中心平面对其轴线的对称度公差。公差值取 7～9 级。

例题 6-6　平键侧面的表面粗糙度与底面的表面粗糙度相比，哪个应该小一些？

解答　平键的侧面为配合表面，底面为非配合表面，侧面的表面粗糙度比底面的表面粗糙度应该小一些。

例题 6-7　矩形花键由哪两部分组成？

解答　矩形花键由内花键和外花键组成。

例题 6-8　矩形花键采用哪个参数定心？

解答　矩形花键 GB/T 1144—2001 规定以小径 d 定心，以小径结合面为定心表面，来确定内外花键的配合性质。

例题 6-9 矩形花键配合采用什么基准制？

解答 矩形花键配合采用基孔制。

例题 6-10 矩形花键的传递形式包括哪两种？装配形式包括哪 3 种？

解答 矩形花键的传动形式包括一般传递用和精密传递用两种，装配形式包括滑动、紧滑动和固定 3 种。

例题 6-11 矩形花键的几何公差设计包括哪些内容？

解答 矩形花键的几何公差设计包括：小径采用包容要求，键宽一般规定位置度，并采用最大实体要求，用于控制对称度和等分度误差；对单件和小批量生产规定对称度，并采用独立原则。

例题 6-12 矩形花键的表面粗糙度设计包括哪些内容？

解答 矩形花键的表面粗糙度设计包括：内外花键的大径、小径和键侧的表面粗糙度设计。

例题 6-13 将下述要求标注在图 6.6 中，(1) 小端 $d_1 = \phi 40h7$；(2) 键槽对称度公差为 20 μm；(3) 小端 d_1 轴线对大端 d_2 右端面垂直度公差为 $\phi 30$ μm。

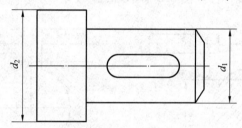

图 6.6 例题 6-12 的零件图

解答 标注答案如图 6.7 所示。

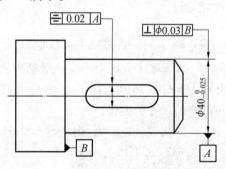

图 6.7 例题 6-12 的零件图精度标注

6.3 工程案例

案例 6-1 一个齿轮内孔和轴颈的配合为 $\phi 25 H8/h7$，采用正常普通平键联结，试设计轴槽和轮毂槽的公差，并将它们标注在零件图上。

解答 (1) 由表 6.2 得 $b = 8$ mm、$t_1 = 4$ mm、$t_2 = 3.3$ mm 和公差 $T = 0.2$ mm；

(2) 公差带为:轴 N9,毂 JS9。将尺寸公差标注在零件图上 $b=8$ N9 和 8 JS9, $t_1=4$ mm、$t_2=3.3$ mm 和公差 $T=0.2$ mm;

(3) 由表6.6得到对称度公差取8级,则 $t=0.015$ mm。

表6.6 同轴度、对称度、圆跳动和全跳动公差值

主参数 $d(D)$、B、L/mm	公差等级											
	1	2	3	4	5	6	7	8	9	10	11	12
≤1	0.4	0.6	1.0	1.5	2.5	4	6	10	15	25	40	60
>1~3	0.4	0.6	1.0	1.5	2.5	4	6	10	20	40	60	120
>3~6	0.5	0.8	1.2	2	3	5	8	12	25	50	80	150
>6~10	0.6	1	1.5	2.5	4	6	10	15	30	60	100	200
>10~18	0.8	1.2	2	3	5	8	12	20	40	80	120	250

(4) 键槽侧面粗糙度 Ra 上限值为 $1.6\sim3.2$ μm,取 3.2 μm,底面取 6.3 μm。

(5) 平键零件图精度标注如图6.8所示。

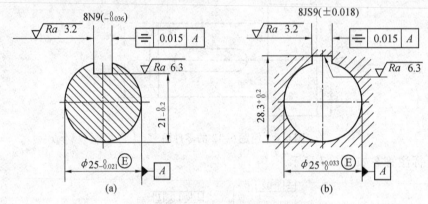

图6.8 案例6-1平键零件图精度标注

案例6-2 如图6.9所示,某车床床头箱中一变速滑动齿轮与轴的结合,采用矩形花键固定联结,花键的公称尺寸为 $6\times23\times26\times6(N\times d\times D\times B)$。齿轮内孔不需要热处理。查表确定花键的大径、小径和键宽的尺寸公差带。

解答 (1) 由表6.3得内、外花键公差带为:内花键 $6\times23H7\times26H10\times6H9$,外花键 $6\times23h7\times26a11\times6h10$,配合为 $6\times23\dfrac{H7}{h7}\times26\dfrac{H10}{a11}\times6\dfrac{H9}{h10}$。

(2) 由表6.4得位置度公差为 $t_1=0.015$ mm。

(3) 装配图的标注如图6.9所示。

(4) 零件图的标注如图6.10和图6.11所示。

(5) 小径、大径和键宽尺寸公差带图。

①内花键 $6\times23H7\times26H10\times6H9$ 的尺寸公差带图如图6.12所示。

②外花键 $6\times23h7\times26a11\times6h10$ 的尺寸公差带图如图6.13所示。

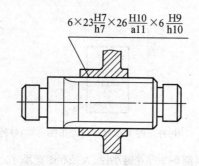

图 6.9 案例 6-2 花键装配图精度标注

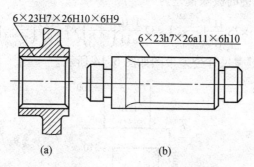

图 6.10 案例 6-2 花键零件图尺寸精度标注

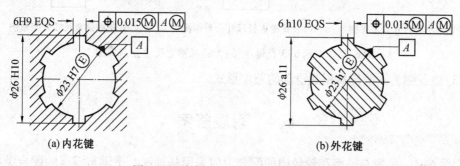

图 6.11 案例 6-2 花键零件图精度标注

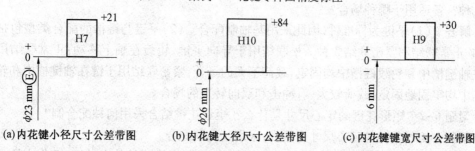

图 6.12 案例 6-2 内花键小径、大径和键宽尺寸公差带图

案例 6-3 查表确定矩形花键配合 $6\times28\dfrac{H7}{g7}\times32\dfrac{H10}{a11}\times7\dfrac{H11}{f9}$ 中的内外花键的极限偏差,画出尺寸公差带图,并指出该矩形花键配合为一般传动用还是精密传动,及其装配形式。

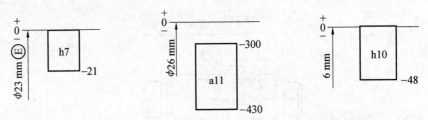

(a) 外花键小径尺寸公差带图　(b) 外花键大径尺寸公差带图　(c) 外花键键宽尺寸公差带图

图 6.13　案例 6-2 外花键小径、大径和键宽尺寸公差带图

解答　(1) 内外花键的极限偏差为

$$6 \times 28 \frac{H7}{g7} \begin{pmatrix} ^{+0.021}_{0} \\ ^{-0.007}_{-0.028} \end{pmatrix} \times 32 \frac{H10}{a11} \begin{pmatrix} ^{+0.1}_{0} \\ ^{-0.31}_{-0.47} \end{pmatrix} \times 7 \frac{H11}{f9} \begin{pmatrix} ^{+0.09}_{0} \\ ^{-0.013}_{-0.049} \end{pmatrix}$$

(2) 小径、大径和键宽尺寸公差带图如图 6.14 所示。

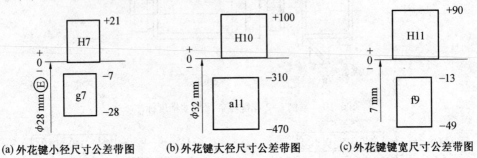

(a) 外花键小径尺寸公差带图　(b) 外花键大径尺寸公差带图　(c) 外花键键宽尺寸公差带图

图 6.14　案例 6-3 花键小径、大径和键宽尺寸公差带图

(3) 该花键为一般传动用紧滑动的装配形式。

6.4　习题答案

习题 6-1　平键与轴槽和轮毂槽的配合为何采用基轴制？平键与键槽的配合类型有哪几种？各适用于哪种场合？

解答　(1) 平键为标准件，因此采用基轴制配合。(2) 平键与键槽的配合类型包括松联结、正常联结和紧密联结 3 种。松联结用于导向平键，轮毂在轴上移动；正常联结用于键在轴键槽中和轮毂键槽中均固定、载荷不大的场合；紧密联结用于键在轴键槽中和轮毂键槽中均牢固地固定、载荷较大、有冲击和双向转矩的场合。

习题 6-2　矩形花键的定心尺寸是什么？矩形花键结合采用何种配合制？

解答　矩形花键的定心尺寸为小径，采用基孔制配合。

习题 6-3　某齿轮与轴的配合为 $\phi 45H7/m6$，采用平键联结传递转矩，工作中承受中等负荷。试查表确定轴、孔的极限偏差，轴槽和轮毂键槽的剖面尺寸极限偏差，轴键槽和轮毂键槽的对称度公差及表面粗糙度参数 Ra 的上限值应遵守的公差原则，并将它们标注在图样上。

解答　(1) 孔：$\phi 45H7 = \phi 45^{+0.025}_{0}$，轴：$\phi 45m6 = \phi 45^{+0.025}_{+0.009}$；

(2) 轴槽：$b = 14\text{N}9 = 14_{-0.043}^{0}$，$t_1 = 5.5_{0}^{+0.2}$ mm，$d-t_1 = 39.5_{-0.2}^{0}$ mm；

(3) 轮毂槽：$b = 14\text{JS}9 = 14\pm0.0215$，$t_2 = 3.8_{0}^{+0.2}$ mm，$d+t_2 = 48.8_{0}^{+0.2}$ mm；

(4) 对称度：$t = 0.02$ mm；

(5) 表面粗糙度：配合表面 Ra 为 3.2 μm，非配合表面 Ra 为 6.3 μm。

(6) 标注如图 6.15 所示。

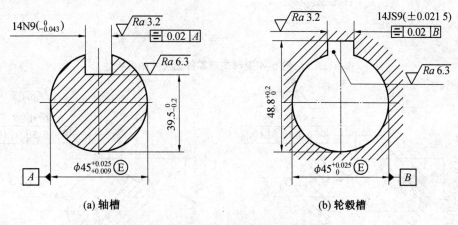

图 6.15 习题 6-3 平键零件图精度标注

习题 6-4 某矩形花键联结的规格和尺寸为 $N\times d\times D\times B = 6\times26\times30\times6$，它是一般用途的紧滑动联结，试写出该花键结合的配合代号，并将内、外花键的各尺寸公差带、位置度公差和表面粗糙度参数 Ra 的上限值标注在图样上。

解答 一般用途的紧滑动联结，内孔不需要热处理，选取矩形花键的配合公差为

$$6\times26\dfrac{\text{H}7}{\text{g}7}\times30\dfrac{\text{H}10}{\text{a}11}\times6\dfrac{\text{H}9}{\text{f}9}$$

装配图的标注如图 6.16 所示。

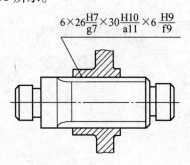

图 6.16 习题 6-4 矩形花键装配图配合代号标注

零件图的标注如图 6.17 和图 6.18 所示。

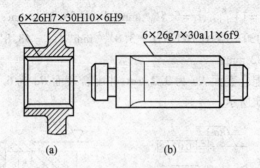

图 6.17 习题 6-4 矩形花键零件图尺寸精度标注

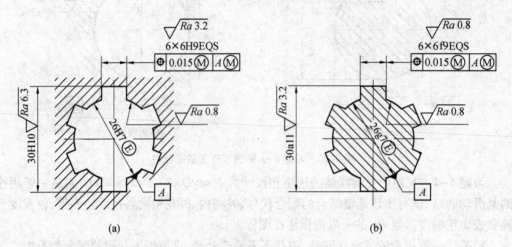

图 6.18 习题 6-4 矩形花键零件图精度标注

第7章 螺纹结合的精度设计

7.1 重难点讲解

螺纹结合的精度设计是典型零部件精度设计的重要部分之一。本章需要掌握的重要知识点包括螺纹的几何参数、影响螺纹精度的因素、螺纹公差标准和螺纹精度设计。

1. 螺纹的主要几何参数

(1)基本大径(公称直径 D、d)。指与外螺纹牙顶或与内螺纹牙底相重合的圆柱的直径。

(2)基本小径(D_1、d_1)。指与外螺纹牙底或与内螺纹牙顶相重合的圆柱的直径。

(3)基本中径(D_2、d_2)。指通过牙型上沟槽和凸起宽度相等的对应圆柱的直径。中径圆柱的母线称为中径线。

(4)螺距(P)。指相邻两牙在中径线上对应两点间的轴向距离。

(5)单一中径(D_{2a}、d_{2a})。指牙型上沟槽宽度为 $P/2$ 处对应圆柱的直径。

(6)牙型角(α)。指相邻两牙侧间的夹角(60°),牙侧角(β_1、β_2)是指牙侧与轴线垂线间的夹角。

(7)螺纹旋合长度是指两个配合的螺纹沿轴线方向相互旋合部分的长度。S 为短旋合,N 中等,L 为长旋合。

学会查表7.1获取普通螺纹的螺距、中径和小径参数。

表7.1　普通螺纹基本参数(摘自 GB/T 197—2003)

公称直径(大径) D、d	螺距 P	中径 D_2、d_2	小径 D_1、d_1
8	1.25	7.188	6.647
	1	7.350	6.917
	0.75	7.513	7.188
9	1.28	8.188	7.647
	1	8.350	7.917
	0.75	8.513	8.188
10	1.5	9.026	8.376
	1.25	9.188	8.647
	1	9.350	8.917
	0.75	9.513	9.188
11	1.5	10.026	9.376
	1	10.350	9.917
	0.75	10.513	10.188
12	1.75	10.863	10.106
	1.5	11.026	10.376
	1.25	11.188	10.647
	1	11.350	10.917

续表 7.1

公称直径(大径) D、d	螺距 P	中径 D_2、d_2	小径 D_1、d_1
14	2	12.701	11.835
	1.5	13.026	12.376
	1.25	13.188	12.647
	1	13.350	12.917
15	1.5	14.026	13.376
	1	14.350	13.917
16	2	14.701	13.835
	1.5	15.026	14.376
	1	15.350	14.917
17	1.5	16.026	15.376
	1	16.350	15.917
18	2.5	16.376	15.294
	2	16.701	15.835
	1.5	17.026	16.376
	1	17.350	16.917
20	2.5	18.376	17.294
	2	18.701	17.835
	1.5	19.026	18.376
	1	19.350	18.917
22	2.5	20.376	19.294
	2	20.701	19.835
	1.5	21.026	20.376
	1	21.350	20.917
24	3	22.051	20.752
	2	22.701	21.835
	1.5	23.026	22.376
	1	23.350	22.917
25	2	23.701	22.835
	1.5	24.026	23.376
	1	24.350	23.917
26	1.5	25.026	24.376
27	3	25.051	23.752
	2	25.701	24.835
	1.5	26.026	25.376
	1	26.350	25.917
28	2	26.701	25.835
	1.5	27.026	26.376
	1	27.350	26.917

2. 影响螺纹结合精度的因素

(1) 中径偏差的影响。

$$\Delta D_2 = D_{2a} - D_2, \quad \Delta d_2 = d_{2a} - d_2 \tag{7.1}$$

(2) 螺距偏差的影响。

ΔP_Σ 的中径当量为

$$f_p = |\Delta P_\Sigma| \cot(\alpha/2) = 1.732 |\Delta P_\Sigma| \tag{7.2}$$

(3) 牙侧角偏差的影响。

$\Delta \beta_1$、$\Delta \beta_2$ 的中径当量为

$$f_\beta = 0.073 P(k_1 |\Delta \beta_1| + k_2 |\Delta \beta_2|) \tag{7.3}$$

对于外螺纹:当 $\Delta \beta_1$、$\Delta \beta_2$ 为正值时,k_1、$k_2 = 2$,为负值时,k_1、$k_2 = 3$;

对于内螺纹:当 $\Delta \beta_1$、$\Delta \beta_2$ 为正值时,k_1、$k_2 = 3$,为负值时,k_1、$k_2 = 2$。

3. 作用中径和中径的合格条件

(1) 作用中径是指体外作用中径(D_{2fe}, d_{2fe}),即

$$D_{2fe} = D_{2a} - (f_p + f_\beta) \tag{7.4}$$

$$d_{2fe} = d_{2a} + (f_p + f_\beta) \tag{7.5}$$

f_p 和 f_β 为 ΔP_Σ 和 $\Delta \beta$ 的中径当量。

(2) 中径的合格条件(相当于包容要求)。

对于外螺纹,中径的合格条件为

$$\begin{cases} d_{2fe} = d_{2a} + (f_p + f_\beta) \leqslant d_{2M} = d_{2max} \\ d_{2a} \geqslant d_{2L} = d_{2min} \end{cases} \tag{7.6}$$

对于内螺纹,中径的合格条件为

$$\begin{cases} D_{2fe} = D_{2a} - (f_p + f_\beta) \geqslant D_{2M} \\ D_{2a} \leqslant D_{2L} = D_{2max} \end{cases} \tag{7.7}$$

4. 螺纹公差(公差带的构成)和螺纹精度的概念

螺纹精度等级由公差带和旋合长度构成,分为精密级、中等级和粗糙级,如图 7.1 所示。

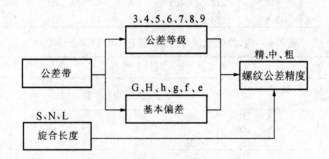

图 7.1 普通螺纹精度

(1) 公差带代号是由公差等级(3~9)和基本偏差代号(G、H、h、g、f、e)组成的,公差等级在前,基本偏差代号在后。

(2) 标准规定的公差带见表 7.2。

表 7.2 内、外螺纹的推荐公差带(摘自 GB/T 197—2003)

	公差精度	G			H		
		S	N	L	S	N	L
内螺纹	精密	—	—	—	4H	5H	6H
	中等	(5G)	**6G**	(7G)	**5H**	**6H**	**7H**
	粗糙	—	(7G)	(8G)	—	7H	8H
	公差	e			f			g			h		
	精度	S	N	L	S	N	L	S	N	L	S	N	L
外螺纹	精密	—	—	—	—	—	—	—	(4g)	(5g4g)	(3h4h)	**4h**	(5h4h)
	中等	—	**6e**	(7e6e)	—	6f	—	(5g6g)	**6g**	(7g6g)	(5h6h)	6h	(7h6h)
	粗糙	—	(8e)	(9e8e)	—	—	—	—	8g	(9g8g)	—	—	—

注:在螺纹公差带选择时优先选取黑体,然后选取一般字体,最后选取带括号的,加框的为工厂大批量生产的

(3) 内外螺纹中径和顶径公差见表 7.3 和表 7.4。

表 7.3　内、外螺纹中径公差（摘自 GB/T 197—2003）　　μm

公称直径/mm		螺距	内螺纹中径公差 T_{D2}				外螺纹中径公差 T_{d2}			
>	≤	P/mm	公　差　等　级							
			5	6	7	8	5	6	7	8
5.6	11.2	1	118	150	190	236	90	112	140	180
		1.25	125	160	200	250	95	118	150	190
		1.5	140	180	224	280	106	132	170	212
11.2	22.4	1	125	160	200	250	95	118	150	190
		1.25	140	180	224	280	106	132	170	212
		1.5	150	190	236	300	112	140	180	224
		1.75	160	200	250	315	118	150	190	236
		2	170	212	265	335	125	160	200	250
		2.5	180	224	280	355	132	170	212	265
22.4	45	1	132	170	212	—	100	125	160	200
		1.5	160	200	250	315	118	150	190	236
		2	180	224	280	355	132	170	212	265
		3	212	265	335	425	160	200	250	315
		3.5	224	280	355	450	170	212	265	335

表 7.4　内、外螺纹顶径公差（摘自 GB/T 197—2003）　　μm

公差项目	内螺纹顶径（小径）公差 T_{D1}				外螺纹顶径（大径）公差 T_d		
公差等级 螺距P/mm	5	6	7	8	4	6	8
0.75	150	190	236	—	90	140	—
0.8	160	200	250	315	95	150	236
1	190	236	300	375	112	180	280
1.25	212	265	335	425	132	212	335
1.5	236	300	375	475	150	236	375
1.75	265	335	425	530	170	265	425
2	300	375	475	600	180	280	450
2.5	355	450	560	710	212	335	530
3	400	500	630	800	236	375	600

(4) 内外螺纹基本偏差见表 7.5。

表 7.5　内、外螺纹的基本偏差（摘自 GB/T 197—2003）　　μm

螺纹 基本偏差 螺距P/mm	内螺纹		外螺纹			
	G	H	e	f	g	h
	EI		es			
0.75	+22	0	−56	−38	−22	0
0.8	+24	0	−60	−38	−24	0
1	+26	0	−60	−40	−26	0
1.25	+28	0	−63	−42	−28	0
1.5	+32	0	−67	−45	−32	0
1.75	+34	0	−71	−48	−34	0
2	+38	0	−71	−52	−38	0
2.5	+42	0	−80	−58	−42	0
3	+48	0	−85	−63	−48	0

(5)内外螺纹旋合长度见表7.6。

表7.6 螺纹的旋合长度(摘自 GB/T 197—2003) mm

公称直径 D、d		螺距 P	旋合长度			
			S	N		L
>	≤		≤	>	≤	>
5.6	11.2	0.75	2.4	2.4	7.1	7.1
		1	3	3	9	9
		1.25	4	4	12	12
		1.5	5	5	15	15
11.2	22.4	1	3.8	3.8	11	11
		1.25	4.5	4.5	13	13
		1.5	5.6	5.6	16	16
		1.75	6	6	18	18
		2	8	8	24	24
		2.5	10	10	30	30
22.4	45	1	4	4	12	12
		1.5	6.3	6.3	19	19
		2	8.5	8.5	25	25
		3	12	12	36	36
		3.5	15	15	45	45

5. 螺纹在图样上的标注示例(图7.2)

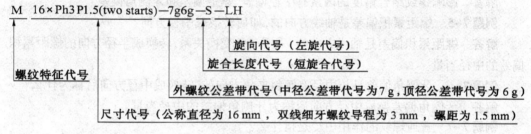

图 7.2 螺纹在图样标注

(1)普通螺纹特征代号:M。
(2)尺寸代号:①公称直径(d、D),②导程(Ph)螺距(P)。粗牙不标记:如 M16;细牙:如 M16×1.5;多线:如 M16×Ph3P1.5。
(3)公差带代号:中径公差在前,顶径公差在后,相同标 1 个,如 M10×1—6g;常用的中等精度不标,如 M16×2;配合代号:内外螺纹公差带间用斜线分开,例如 M20×2 — 7H/7g6g。
(4)旋合长度代号:S、N、L,N 不标,只标 S 或 L。
(5)旋向代号:右旋不标,左旋标 LH。

6. 螺纹的精度设计流程

螺纹的精度设计包括 3 部分内容:螺纹的精度等级、影响螺纹精度的因素分析、螺纹精度的标注方法。首先选择螺纹的精度等级:精密、中等和粗糙。螺纹的精度不仅由公差带决定,还由螺纹的旋合长度 S、N、L 决定。其公差带包括公差等级 3~9 级,基本偏差代号 G、H、h、g、f、e；旋合长度包括短旋合 S、中等旋合 N 和长旋合 L。接着学习影响螺纹精度的因素：中径偏差、牙侧角偏差和螺距偏差，这 3 种偏差综合形成了作用中径，判断作用中径对螺纹旋合精度的影响。最后进行螺纹精度的标注：螺纹的公称直径、导程、螺距、内螺纹的中径公差带和顶径公差带、外螺纹的中径公差带和顶径公差带差、旋合长度和旋向。

7.2 例题解析

例题 7-1 螺纹种类分为哪几类？对应的要求是什么？

解答 普通螺纹（联接螺纹），要求旋合性和可靠性；传动螺纹（如丝杠、测微螺纹），要求准确性、灵活性；紧密螺纹（如管螺纹），要求密封性和可靠性。

例题 7-2 什么是单一中径？

解答 单一中径（D_{2a}、d_{2a}）是指螺纹加工以后，牙型上沟槽宽度为 $P/2$ 处对应圆柱的直径。

例题 7-3 螺纹旋合长度分为哪 3 种，代号分别是什么？

解答 螺纹旋合长度分短旋合长度、中等旋合长度和长旋合长度 3 种，代号分别是 S、N、L。

例题 7-4 影响螺纹结合精度的因素有哪些？

解答 影响螺纹结合精度的因素有中径偏差、螺距偏差和牙侧角偏差。

例题 7-5 螺距累积偏差是轴线方向的，如何转换成中径方向？

解答 螺距累积偏差是轴线方向的，采用三角变换关系，转换成半径方向的螺距累积偏差的中径当量。

例题 7-6 牙侧角偏差是与中径有倾斜夹角方向的，转换成中径方向后称为什么？

解答 牙侧角偏差换成中径方向后称为牙侧角偏差的中径当量。

例题 7-7 普通螺纹的作用中径是指什么？

解答 普通螺纹的作用中径是指考虑中径偏差、螺距偏差和牙侧角偏差的体外作用尺寸。

例题 7-8 普通螺纹中径的合格条件是什么？

解答 为满足普通螺纹的使用要求，螺纹中径的合格条件是泰勒原则，即作用中径不超过中径的最大实体尺寸，而且单一中径不超过中径的最小实体尺寸。

例题 7-9 螺纹精度等级由什么构成？分为哪 3 个等级？

解答 螺纹精度等级由公差带和旋合长度构成，分为精密级、中等级和粗糙级 3 个等级。

例题 7-10 请解释螺纹 M16×Ph3P1.5（two starts）—7g6g—S—LH 标注的含义？

解答 M16×Ph3P1.5（two starts）—7g6g—S—LH 的含义是普通螺纹公称直径为 16 mm，双线细牙螺纹导程为 3 mm，螺距为 1.5 mm，外螺纹中径公差带为 7 g，顶径公差带代号为 6 g，短旋合长度，旋向为左旋。

例题 7-11 试说明下列螺纹标注中各代号的含义。

（1）M6×0.75—5h6h—S—LH；

（2）M14×Ph6P2—7H—L；

(3) M20×2 — 7H/7g6g;

(4) M8。

解答 (1) M6×0.75—5h6h—S—LH 的含义是普通细牙外螺纹的公称直径为 6 mm, 螺距为 0.75 mm, 中径和顶径的公差带为分别为 5 h 和 6 h, 短旋合长度, 左旋;

(2) M14×Ph6P2—7H—L 的含义是普通内螺纹的公称直径为 14 mm, 导程为 6 mm, 螺距为 2 mm, 中径和顶径的公差带均为 7H, 长旋合长度, 右旋;

(3) M20×2—7H/7g6g 的含义是普通内外螺纹配合, 公称直径为 20 mm, 螺距为 2 mm, 内螺纹的中径和顶径公差带为 7H; 外螺纹的中径和顶径的公差带分别为 7 g 和 6 g, 中等旋合长度, 右旋;

(4) M8 的含义是普通螺纹的公称直径为 8 mm, 粗牙, 中等精度等级, 中等旋合长度, 右旋。

例题 7–12　查表确定 M18×2—6h 的中径的极限偏差, 画出尺寸公差带图。

解答　(1) 根据 M18×2, 查表 7.1, 得该外螺纹的中径为 $d_2 = 16.701$ mm。

(2) 根据 M18×2—6h, 查表 7.3 和表 7.5, $T_{d_2} = 160$ μm; $es_{d_2} = 0$; $ei_{d_2} = -160$ μm。尺寸公差带图如图 7.3 所示。

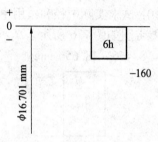

图 7.3　例题 7–12 答案

例题 7–13　在大量生产中应用紧固螺纹联接件, 标准推荐采用 6H/6g, 其尺寸为 M20×2 时, 则内、外螺纹的实际中径尺寸变化范围是多大? 结合后中径最小保证间隙等于多少?

解答　(1) 内螺纹实际中径尺寸变化范围为 $D_{2a} = 18.701 \sim 18.913$ mm。

(2) 外螺纹实际中径尺寸变化范围为 $d_{2a} = 18.503 \sim 18.663$ mm。尺寸公差带图如图 7.4 所示。

(3) 结合后中径最小保证间隙为 $X_{min} = +0.038$ mm。

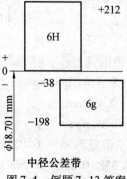

中径公差带

图 7.4　例题 7–13 答案

例题 7-14 已知 M12×1-6h，$d_{2a} = 11.304$ mm，$d_a = 11.815$ mm，$\Delta P_\Sigma = -0.02$ mm，$\Delta\beta_1 = +25'$，$\Delta\beta_2 = -20'$，试判断该螺纹是否合格？为什么？

解答 （1）该外螺纹的中径和顶径公差带图如图 7.5 所示。因为 $d_{2fe} = 11.0347$ mm$<d_{2M} = d_{2max} = d_{2L} = d_{2min} = 11.36$ mm，$d_{2a} = 11.304$ mm>11.242 mm，所以中径合格。

（2）因为 $d_a = 11.815$ mm，不在顶径合格范围[11.82 mm, 12 mm]之间，所以顶径不合格。

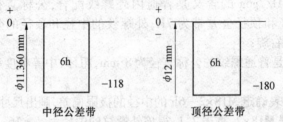

图 7.5　例题 7-14 答案

例题 7-15 实测 M20—7H 的螺纹零件得：螺距累偏差为 $\Delta P_\Sigma = -0.034$ mm，牙侧角偏差分别为 $\Delta\beta_1 = +30'$，$\Delta\beta_2 = -40'$，试求实际中径和作用中径所允许的变化范围。

解答 该内螺纹的中径公差带图如图 7.6 所示。$D_{2fe} = D_{2a} - (f_p + f_\beta) = D_{2a} - 0.09$ mm；$D_{2fe} = 18.376 \sim 18.566$ mm；$D_{2a} = 18.466 \sim 18.656$ mm。

图 7.6　例题 7-15 答案

7.3　工程案例

案例 按 M24×2—6g（6g 可省略标注）加工，得 $d_a = 23.850$ mm，$d_{2a} = 22.521$ mm，$\Delta P_\Sigma = +0.05$ mm，$\Delta\beta_1 = +20'$ mm，$\Delta\beta_2 = -25'$ mm。试判断顶径、中径是否合格，并查出旋合长度的变化范围。

解答 （1）查表确定该螺纹的极限偏差：

由表 7.1 查得中径的公称尺寸为 $d_2 = 22.701$ mm；

由表 7.3 查得中径公差为 $T_{d2} = 0.17$ mm；

由表 7.4 查得顶径公差为 $T_d = 0.28$ mm；

由表 7.5 查得中径、顶径的基本偏差为 es = -0.038 mm；

中径下偏差为 $ei_{d_2} = es - T_{d2} = -0.038 - 0.17 = -0.208$ mm；

顶径下偏差为 $ei_d = es - T_d = -0.038 - 0.28 = -0.318$ mm。

(2) 尺寸公差带图。

由 $es = -0.038$ mm, $ei_{d_2} = -0.208$, $ei_d = -0.318$ mm, 中径公差带图如图 7.7 所示。

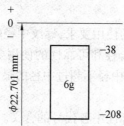

图 7.7　案例中径公差带图

顶径公差带图如图 7.8 所示。

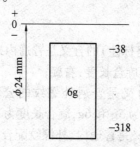

图 7.8　案例顶径公差带图

(3) 判断中径的合格性,对于外螺纹,作用中径的合格条件为

$$\begin{cases} d_{2fe} = d_{2a} + (f_p + f_\beta) \leqslant d_{2M} = d_{2\max} \\ d_{2a} \geqslant d_{2L} = d_{2\min} \end{cases}$$

$f_p = 1.732|\Delta P_\Sigma| = 0.087$ mm;

$f_\beta = 0.073P(k_1|\Delta\beta_1| + k_2|\Delta\beta_2|) = 0.017$ mm;

$d_{2fe} = d_{2a} + (f_p + f_\beta) = \phi 22.625$ mm $< d_{2M} = \phi 22.663$ mm;

$d_{2a} = \phi 22.521$ mm $> d_{2L} = \phi 22.493$ mm;

故中径合格。

(4) 判断顶径的合格性。

$d_{\min} = \phi 23.682$ mm; $d_{\max} = \phi 23.962$ mm; $d_a = \phi 23.850$ mm;

因为 $d_{\min} < d_a < d_{\max}$, 所以顶径合格。

(5) 旋合长度变化范围。

M24×2 属于中等旋合长度,查表 7.6 得 8.5 mm $< N \leqslant 25$ mm。

7.4　习题答案

习题 7-1　螺纹作用中径的含义是什么?

解答　螺纹作用中径是指考虑中径偏差、螺纹累积偏差和牙侧角偏差时的螺纹中径的体外作用尺寸。

习题 7-2 为什么说普通螺纹的中径公差是一种综合公差?

解答 标准规定普通螺纹的中径公差控制中径偏差、螺纹累积偏差和牙侧角偏差,因此是一种综合公差。

习题 7-3 为满足普通螺纹的使用要求,螺纹中径的合格条件是什么?

解答 为满足普通螺纹可旋合性和可靠性的使用要求,螺纹中径的合格条件是按泰勒原则使用螺纹量规检验,即作用中径不超过中径的最大实体尺寸,而且单一中径不超过中径的最小实体尺寸。

习题 7-4 试说明下列螺纹标注中各代号的含义。

(1) M24—6H;

(2) M36×2—5g6g—20;

(3) M30×2—6H/5h6h;

(4) M10—7H—L—LH。

解答 (1) M24—6H(可省略标注)的含义是普通内螺纹的公称直径为 24 mm,粗牙,中径和顶径的公差带为 6H,中等旋合长度,右旋;

(2) M36×2—5g6g—20 的含义是普通外螺纹的公称直径为 36 mm,细牙,螺距为 2 mm,中径和顶径的公差带分别为 5g 和 6g,旋合长度为 20 mm,右旋;

(3) M30×2—6H/5h6h 的含义是普通内、外螺纹配合,公称直径为 30 mm,两者的螺距均为 2 mm,内螺纹的中径和顶径公差带为 6H;外螺纹的中径和顶径的公差带分别为 5h 和 6h,中等旋合长度,右旋;

(4) M10—7H—L—LH 的含义是普通内螺纹的公称直径为 10 mm,粗牙,中径和顶径的公差带为 7H,长旋合长度,左旋。

习题 7-5 试查表确定 M24×2—6H/5g6g 的内螺纹中径、小径和外螺纹中径、大径的极限偏差。

解答 (1) 内螺纹中径为 D_2 = 22.701 mm,小径为 D_1 = 21.835 mm;外螺纹中径为 d_2 = 22.701 mm,大径为 d = 24 mm。

(2) 内螺纹 M24×2—6H 中径和顶径公差均为 6H,H 的基本偏差为 EI = 0,查内螺纹顶径(小径)公差表,得到 6 级螺纹顶径公差 T_{D1} = 0.375 mm,查内螺纹中径公差表,得到 6 级螺纹中径公差 T_{D2} = 0.224 mm;因此,EI_{D2} = 0,ES_{D2} = +0.224 mm;EI_{D1} = 0,ES_{D1} = +0.375 mm。

(3) 外螺纹 M24×2—5g6g 中径和顶径公差分别为 5g 和 6g,g 的基本偏差数值 es = −0.038 mm,查外螺纹中径公差表,得到 5 级外螺纹中径公差 T_{d2} = 0.132 mm;查外螺纹顶径(大径)公差表,得到 6 级外螺纹的顶径公差 T_d = 0.28 mm,因此,es_{d2} = −0.038 mm,ei_{d2} = −0.170 mm;es_d = −0.038 mm,ei_d = −0.318 mm。

习题 7-6 有一螺纹 M20—5h6h,加工后测得实际大径 d_a = 19.980 mm,实际中径 d_{2a} = 18.255 mm,螺距累积偏差 ΔP_Σ = +0.04 mm,牙侧角偏差分别为 $\Delta\beta_1$ = −35′,$\Delta\beta_2$ = −40′。试判断该螺纹是否合格?

解答 (1) 查表确定该螺纹的极限偏差:中径公称尺寸为 d_2 = 18.376 mm,螺距 P = 2.5 mm。

中径公差 5h 公差为 $T_{d2}=0.132$ mm，顶径公差 6h 公差为 $T_d=0.335$ mm，中径、顶径的基本偏差为 es=0 mm；$T_{d2}=0.132$ mm，$T_d=0.335$ mm，中径下偏差为 $ei_{d_2}=-0.132$ mm；顶径下偏差为 $ei_d=-0.335$ mm。

（2）中径和顶径尺寸公差带图如图 7.9 和图 7.10 所示。

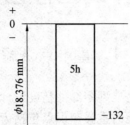

图 7.9　习题 7-6 中径公差带图

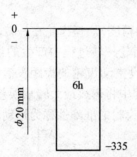

图 7.10　习题 7-6 顶径公差带图

（3）判断中径的合格性，对外螺纹包容要求的合格判据为

$f_p=1.732|\Delta P_\Sigma|=0.069$ mm；$f_\beta=0.073P(k_1|\Delta\beta_1|+k_2|\Delta\beta_2|)=0.038$ mm；

$\begin{cases} d_{2fe}=d_{2a}+(f_p+f_\beta)=\phi18.362 \text{ mm}<d_{2M}=\phi18.376 \text{ mm} \\ d_{2a}=\phi18.255 \text{ mm}>d_{2L}=\phi18.244 \text{ mm} \end{cases}$

故中径合格。

（4）判断顶径的合格性。

$d_{\min}=\phi19.665$ mm，$d_{\max}=\phi20$ mm，$d_a=\phi19.980$ mm；

因为 $d_{\min}<d_a<d_{\max}$，所以顶径合格。

（5）旋合长度变化范围为 10 mm$<N\leqslant$30 mm。

第8章 渐开线圆柱齿轮精度设计

8.1 重难点讲解

渐开线圆柱齿轮的精度设计是典型零部件精度设计的重要部分之一,也是教学和考试的难点内容之一。本章需要掌握的重要知识点包括齿轮传动的使用要求、评定齿轮精度的必检参数、齿轮精度设计、齿坯精度设计和齿轮副精度设计。

1. 齿轮传动的使用要求

(1)传递运动的准确性(运动精度)。指齿轮在一转范围内的传动比的大小,保证主、从动齿轮的运动协调一致,可用齿轮一转过程中产生的最大转角误差 $\Delta\phi_\Sigma$ 来表示。如图8.1所示,一对互相啮合的齿轮,设主动齿轮的齿距没有误差,而从动齿轮存在如图所示的齿距误差,而从动齿轮一转过程中将形成最大转角误差 $\Delta\phi_\Sigma = 7°$,从而使速比相应产生最大变动量,传递运动不准确,对齿轮的准确性称为运动精度。

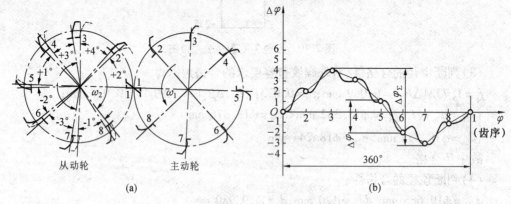

图8.1 一转和一齿中的最大转角误差

(2)传动的平稳性(平稳性精度)。指齿轮转动中瞬时传动比的大小,即一齿过程最大转角误差。传动平稳性误差将会引起冲击、振动和噪声。如图8.1所示,传动平稳性可以用转动一齿过程中的最大转角误差 $\Delta\phi$ 表示。与运动精度相比,平稳性等于转角误差曲线上多次重复的小波纹的最大幅度值。

(3)载荷分布的均匀性(接触精度)。指齿轮啮合时,工作齿面上接触面的大小。一对齿轮啮合时,工作齿面要保证一定的接触面积,从而避免应力集中,减少齿面磨损,提高齿面强度和寿命。如图8.2所示,载荷分布均匀性可用沿轮齿齿长和齿高方向上保证一定的接触区域来表示。

(4)齿轮侧隙的合理性。指两个相配齿轮的工作齿面相啮合时,在非工作齿面形成的合理间隙。如图8.3所示,侧隙合理性采用法向侧隙 j_{bn} 和圆周侧隙 j_{wt} 来表示。侧隙的

第 8 章 渐开线圆柱齿轮精度设计

设计这是为了使齿轮转动灵活,用以贮存润滑油、补偿齿轮的制造与安装误差以及热变形等所需的侧隙。

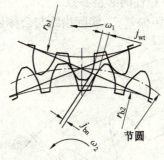

图 8.2 接触区示图　　图 8.3 齿轮侧隙示图

对于机械制造业中常用的齿轮,如机床、通用减速器、汽车、拖拉机、内燃机车等行业用的齿轮,其中每类齿轮通常对前三项精度要求的高低程度都是差不多的,对每项齿轮偏差可要求同样精度等级,这种情况在工程实践中较为常见。而有的齿轮,可能对上述3项精度中的某一项有特殊的功能要求,因此可根据需要对某项提出更高要求。例如对分度、读数机构中的齿轮,可对控制运动精度的偏差项目提出较高要求;对航空发动机、汽轮机中的齿轮,因其转速高、传动动力大,特别要求振动和噪声小,因此对控制平稳性精度的偏差项目提出了较高的要求;对于轧钢机、起重机、矿山机械的齿轮,属于低速动力齿轮,因而可对控制接触精度的偏差项目要求高些。而对于齿轮间隙,无论何种齿轮,为了保证齿轮正常运转都必须规定合理的间隙大小,尤其是仪器仪表齿轮传动,保证合适的间隙尤为重要。另外,为了降低齿轮的加工、检测成本,如果齿轮总是用一侧齿面工作,则可以对非工作齿面提出较低的精度要求。

2. 评定齿轮精度、侧隙的必检参数

(1) 传递运动准确性的必检参数。

① 齿距累积总偏差 F_p:齿轮同侧齿面任意弧段($k=1\sim z$)内的最大齿距累积偏差,如图 8.4 所示。

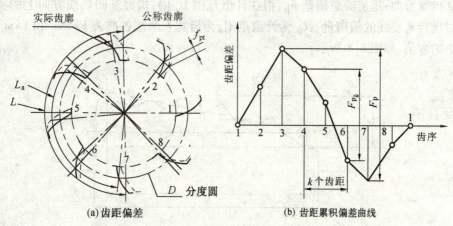

图 8.4 齿距累积总偏差示意图

②齿距累积偏差 F_{pk}：齿轮同侧齿面任意 k 个齿距的实际弧长 L_{ka} 与 L_k 的代数差，如图 8.5 所示。

(2)传动平稳性的必检参数。

① 单个齿距偏差 f_{pt}：实际齿距与公称齿距的代数差，如图 8.6 所示。

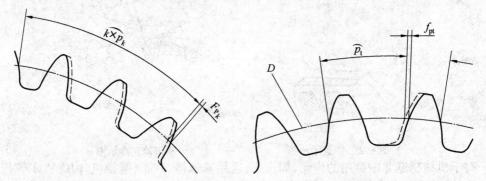

图 8.5　齿距累积偏差示意图　　　图 8.6　单个齿距偏差示意图

② 齿廓总偏差 F_α：包容实际齿廓工作部分且距离最小的两条设计齿廓之间的法向距离。其中，$E \sim G$ 为实际齿廓的工作部分，如图 8.7 所示。

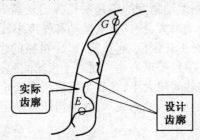

图 8.7　齿廓总偏差示意图

(3)载荷分布均匀性的必检参数。

①齿高方向：同平稳性(f_{pt} 和 F_α)

②齿宽方向：螺旋线总偏差 F_β：指在计值范围 L_β 内，端面基圆切线方向上的实际螺旋线对设计螺旋线的偏离量。L_β 为计值范围，为齿宽 b 两端各减去 $b \times 5\%$ 和 $1 \times m_n$ 两者中较小的数值，如图 8.8 所示。

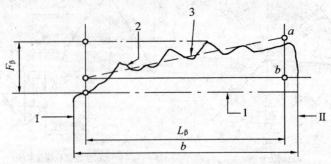

图 8.8　螺旋线总偏差示意图

(4)齿轮侧隙的必检参数。

①齿厚偏差 E_{sn}：实际齿厚与公称齿厚之差，如图 8.9 所示。

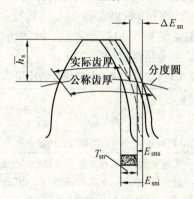

图 8.9　齿厚偏差示意图

②公法线长度偏差 E_{bn}：k 个轮齿异向齿廓间基圆切线线段实际长度与公称公法线长度之差，如图 8.10 所示。

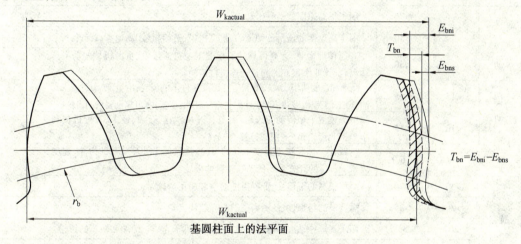

图 8.10　公法线长度偏差示意图

3. 齿轮的精度等级及其偏差允许值

(1)精度等级 GB/T 10095.1~2 规定 13 个等级，分别为 0、1、2、…、12；其中 0~2 级为展望级，3~5 级为高精度等级，6~8 级为中等级，9~12 级为低精度级。

(2)图样标注。

①齿轮精度等级的标注：包括精度等级、偏差代号和标准代号。

a. 当所有精度等级相同时，只标等级和标准号，如 7GB/T 10095.1~2；

b. 当各个精度等级不同时，按准确性、平稳性和载荷分布均匀性的顺序标注，如 $7(F_p、f_{pt}、F_\alpha)$、$6F_\beta$ GB/T 10095.1。

②侧隙的标注：对大模数齿轮一般标注公称齿厚及其上下偏差 $S_n{}^{E_{sns}}_{E_{sni}}$，对中小模数齿轮一般标注公称公法线长度及其上下偏差 $w_k{}^{E_{bns}}_{E_{bni}}$。

4. 齿轮精度设计的内容及其基本方法

(1)齿轮精度等级的选用。

类比法按齿轮的工作条件、速度,通过查表 8.1 齿轮精度等级与速度的应用情况,选出平稳性精度等级,然后确定运动精度和接触精度(运动精度不能低过平稳性精度 2 级和高过 1 级,接触精度不能低于平稳性精度)。

表 8.1 齿轮精度等级与速度的应用情况

工作条件	圆周速度/(m·s^{-1})		应用情况	精度等级
	直齿	斜齿		
机床	>30	>50	高精度和精密的分度链末端的齿轮	4
	>15~30	>30~50	一般精度分度链末端齿轮、高精度和精密的分度链的中间齿轮	5
	>10~15	>15~15	V级机床主传动的齿轮、一般精度分度链的中间齿轮、Ⅲ级和Ⅲ级以上精度机床的进给齿轮、油泵齿轮	6
	>6~10	>8~15	Ⅳ级和Ⅳ级以上精度机床的进给齿轮	7
	<6	<8	一般精度机床的齿轮	8
			没有传动要求的手动齿轮	9
动力传动		>70	用于很高速度的透平传动齿轮	4
		>30	用于高速度的透平传动齿轮、重型机械、进给机械、高速重载齿轮	5
		<30	高速传动齿轮、有高可靠性要求的工业机器齿轮、重型机械的功率传动齿轮、作业率很高的起重运输机械齿轮	6
	<15	<25	高速和适度功率或大功率和适度速度条件下的齿轮;冶金、矿山、林业、石油、轻工、工程机械和小型工业齿轮箱(通用减速器)有可靠性要求的齿轮	7
	<10	<15	中等速度平稳传动的齿轮、冶金、矿山、林业、石油、轻工、工程机械和小型工业齿轮箱(通用减速器)的齿轮	8
	4	6	一般性工作和噪声要求不高的齿轮、受载低于计算载荷的齿轮、速度大于 1 m/s 的开式齿轮传动和转盘的齿轮	9
航空船舶和车辆	>35	>70	需要很高的平稳性、低噪声的航空和船用齿轮	4
	>20	>35	需要高的平稳性、低噪声的航空和船用齿轮	5
	20	35	用于高速传动有平稳性低噪声要求的机车、航空、船舶和轿车的齿轮	6
	15	25	用于有平稳性和噪声要求的航空、船舶和轿车的齿轮	7
	10	15	用于中等速度较平稳传动的载重汽车和拖拉机的齿轮	8
	4	6	用于较低速和噪声要求不高的载重汽车第一挡与倒挡拖拉机和联合收割机的齿轮	9
其他			检验 7 级精度齿轮的测量齿轮	4
			检验 8~9 级精度齿轮的测量齿轮、印刷机印刷辊子用的齿轮	5
			读数装置中特别精密传动的齿轮	6
			读数装置的传动及具有非直尺的速度传动齿轮、印刷机传动齿轮	7

学会查表 8.2 和表 8.3 获得 $\pm f_{pt}$、F_p、$\pm F_{pk}$、F_α、f_i'、F_r、F_w、F_β 的偏差允许值。

第8章 渐开线圆柱齿轮精度设计

表 8.2 $\pm f_{pt}、F_p、\pm F_{pk}、F_\alpha、\sqrt{f_i'/K}、F_r、F_w$ 偏差允许值（摘自 GB/T 10095.1~2—2001） μm

偏差项目 精度等级 分度圆直径 d/mm	模数 m_n/mm	单个齿距极限偏差 $\pm f_{pt}$				齿距累积总公差 F_p				齿廓总公差 F_α				径向跳动公差 F_r				f_i'/K 值				公法线长度变动公差 F_w			
		5	6	7	8	5	6	7	8	5	6	7	8	5	6	7	8	5	6	7	8	5	6	7	8
≥5~20	≥0.5~2	4.7	6.5	9.5	13	11	16	23	32	4.6	6.5	9.0	13	9.0	13	18	25	14	19	27	38	10	14	20	29
	>2~3.5	5.0	7.5	10	15	12	17	23	33	6.5	9.5	13	19	9.5	13	19	27	16	23	32	45				
>20~50	≥0.5~2	5.0	7.0	10	14	14	20	29	41	5.0	7.0	10	15	11	16	23	32	14	20	29	41	12	16	23	32
	>2~3.5	5.5	7.5	11	15	15	22	30	42	7.0	10	14	20	12	17	24	34	17	24	34	48				
	>3.5~6	6.0	8.5	12	17	15	22	31	44	9.0	12	18	25	12	17	25	35	19	27	38	54				
>50~125	≥0.5~2	5.5	7.5	11	15	18	26	37	52	6.0	8.5	12	17	15	21	29	42	16	22	31	44	14	19	28	37
	>2~3.5	6.0	8.5	12	17	19	27	38	53	8.0	11	16	22	16	22	31	43	18	25	36	51				
	>3.5~6	6.5	9.0	13	18	19	28	39	55	9.5	13	19	27	17	24	34	44	20	29	40	57				
>125~280	≥0.5~2	6.0	8.5	12	17	24	35	49	69	7.0	10	14	20	20	28	39	55	17	24	34	49	16	22	31	44
	>2~3.5	6.5	9.0	13	18	25	35	50	70	9.0	13	18	25	20	28	40	56	20	28	39	56				
	>3.5~6	7.0	9.5	14	19	25	36	51	72	11	15	21	30	21	29	41	58	22	31	44	62				
>280~560	≥0.5~2	6.5	9.5	13	19	32	46	64	91	8.5	12	17	23	26	36	51	73	19	27	39	54	19	26	37	53
	>2~3.5	7.0	10	14	20	33	46	65	92	10	15	21	29	26	37	52	74	22	31	44	62				
	>3.5~6	8.0	11	16	22	33	47	66	94	12	17	24	34	27	38	53	75	24	34	48	68				

注：① 本表中 F_w 为根据我国的生产实践提出的，供参考；② 将 f_i'/K 乘以 K 即得到 f_i'；当 $\varepsilon_\gamma<4$ 时，$k=0.2\left(\frac{\varepsilon_\gamma+4}{\varepsilon_\gamma}\right)$，当 $\varepsilon_\gamma\geq4$ 时，$k=0.4$；③ $F_i'=F_p+f_i'$

④ $\pm F_{pk}=f_{pt}+1.6\sqrt{(k-1)}m_n$（5级精度），通常取 $k=z/8$，按相邻两级的公比√2，可求得其他级 $\pm F_{pk}$ 值

表8.3　F_β 公差值(摘自 GB/T 10095.1~2—2008)　　　μm

分度圆直径 d/mm	齿宽 b/mm	精度等级 5	6	7	8
≥5~20	≥4~10	6.0	8.5	12	17
	>10~20	7.0	9.5	14	19
>20~50	≥4~10	6.5	9.0	13	18
	>10~20	7.0	10	14	20
	>20~40	8.0	11	16	23
>50~125	≥4~10	6.5	9.5	13	19
	>10~20	7.5	11	15	21
	>20~40	8.5	12	17	24
	>40~80	10	14	20	28
>125~280	≥4~10	7.0	10	14	20
	>10~20	8.0	11	16	22
	>20~40	9.0	13	18	25
	>40~80	10	15	21	29
	>80~160	12	17	25	35
>280~560	≥10~20	8.5	12	17	24
	>20~40	9.5	13	19	27
	>40~80	11	15	22	31
	>80~160	13	18	26	36
	>160~250	15	21	30	43

(2) 计算齿厚、公法线长度偏差。

最小法向侧隙的计算公式为

$$j_{bn\,min} = \frac{2}{3}(0.06 + 0.0005a + 0.03m_n) \text{ (mm)} \tag{8.1}$$

齿厚上偏差 E_{sns} 的计算公式为

$$E_{sns} = -\left(\frac{j_{bnmin} + j_{bn}}{2\cos\alpha} + |f_a|\tan\alpha\right) \tag{8.2}$$

$$j_{bn} = \sqrt{0.88(f_{pt1}^2 + f_{pt2}^2) + [2 + 0.34(L/b)^2]F_\beta^2} \tag{8.3}$$

齿厚公差的计算公式为

$$T_{sn} = \sqrt{F_r^2 + b_r^2} \times 2\tan\alpha \tag{8.4}$$

下偏差 E_{sni} 的计算公式为

$$E_{sni} = E_{sns} - T_{sn} \tag{8.5}$$

F_r 和 b_r 分别为齿轮径向跳动公差(表8.2)和进刀公差(表8.4)。

表8.4　切齿径向进刀公差 b_r 值

齿轮精度等级	4	5	6	7	8	9
b_r 值	1.26IT7	IT8	1.26IT8	IT9	1.26IT9	IT10

公法线长度偏差的计算公式为

$$\begin{cases} E_{bns} = E_{sns}\cos\alpha - 0.72F_r\sin\alpha \\ E_{bni} = E_{sni}\cos\alpha + 0.72F_r\sin\alpha \end{cases} \tag{8.6}$$

其中,$W_k = m[2.9521(k-0.5)+0.014z]$,$k = z/9+0.5$(取整)。

(3)齿轮副精度。

①中心距偏差:$\pm f_a = a_a - a$;

②轴线平行度偏差:垂直平面上的平行度偏差 $f_{\Sigma\beta} = 0.5\left(\dfrac{L}{b}\right)F_\beta$,轴线平面上的平行度偏差 $f_{\Sigma\delta} = \left(\dfrac{L}{b}\right)F_\beta$。式中 b 为齿宽,L 为轴承跨距,F_β 为螺旋线总偏差。

(4)齿坯精度。

①齿坯尺寸公差见表8.5。

表8.5 齿坯尺寸公差

齿轮精度等级		5	6	7	8	9	10	11	12
孔	尺寸公差	IT5	IT6	IT7	IT8		IT9		
轴	尺寸公差	IT5		IT6		IT7		IT8	
顶圆直径公差		IT7		IT8		IT9		IT11	

注:①齿轮的三项精度等级不同时,齿轮的孔、轴尺寸公差按最高精度等级确定

②齿顶圆柱面不做基准时,齿顶圆直径公差按 IT11 给定,但不得大于 $0.1m_n$

③齿顶圆的尺寸公差带通常采用 h11 或 h8

②带孔齿轮的齿坯几何精度。

齿轮内孔要求包容原则和圆柱度,计算公式为

$$t_{/\circ/} = [0.04(L/b)F_\beta, 0.1F_p]_{\min} \tag{8.7}$$

顶圆要求圆柱度和圆跳动,计算公式为

$$t_{/\circ/} = [0.04(L/b)F_\beta, 0.1F_p]_{\min} \tag{8.8}$$

径向 S_r 基准面要求圆跳动,计算公式为

$$t_r = 0.3F_P \tag{8.9}$$

轴向 S_i 基准面要求圆跳动,计算公式为

$$t_i = 0.2(D_d/b)F_\beta \tag{8.10}$$

式中,D_d 为基准端面直径;b 为齿宽;L 为轴承跨距;F_β 为螺旋线总偏差;F_P 为齿距累积总偏差。

③齿轮轴的齿坯几何精度。

轴颈采用包容原则、圆柱度和圆跳动,计算公式为

$$t_{/\circ/} = [0.04(L/b)F_\beta, 0.1F_p]_{\min} \tag{8.11}$$

顶圆采用圆柱度和圆跳动,计算公式为

$$t_{/\circ/} = [0.04(L/b)F_\beta, 0.1F_p]_{\min} \tag{8.12}$$

径向 S_r 基准面采用圆柱度和圆跳动,计算公式为

$$t_r = 0.3F_P \tag{8.13}$$

轴向 S_i 基准面采用圆跳动,计算公式为

$$t_i = 0.2(D_d/b)F_\beta \tag{8.14}$$

④齿轮齿面和基准面的表面粗糙度见表8.6和表8.7。

表8.6 齿轮齿面表面粗糙度推荐极限值

齿轮精度等级	Ra		Rz	
	$m_n<6$	$m_n\leq25$	$m_n<6$	$6\leq m_n\leq25$
3	—	0.16	—	1.0
4	—	0.32	—	2.0
5	0.5	0.63	3.2	4.0
6	0.8	1.00	5.0	6.3
7	1.25	1.60	8.0	10
8	2.0	2.5	12.5	16
9	3.2	4.0	20	25
10	5.0	6.3	32	40

表8.7 齿轮各基准面粗糙度推荐的 Ra 上限值

齿轮的精度等级 各面的粗糙度 Ra	5	6	7	8	9	
齿面加工方法	磨 齿	磨或珩齿	剃或珩齿	精插精铣	插齿或滚齿	滚齿	铣齿
齿轮基准孔	0.32~0.63	1.25	1.25~2.5		5	
齿轮轴基准轴颈	0.32	0.63	1.25		2.5	
齿轮基准端面	2.5~1.25	2.5~5		3.2~5		
齿轮顶圆	1.25~2.5	3.2~5				

5. 渐开线圆柱齿轮的精度设计流程

渐开线圆柱齿轮的精度设计流程如图8.11所示,包括3部分内容:单个齿轮精度设计、齿轮副精度设计和齿坯精度设计。首先设计渐开线圆柱齿轮的精度分为13级,根据齿轮使用要求和工作条件可以确定齿轮的精度等级,结合国家标准确定齿轮使用四项基本要求对应的精度评定参数。接着设计齿轮侧隙合理性的评价参数,齿厚偏差和公法线偏差;先确定最小法向侧隙,然后确定齿厚偏差极限值和公法线长度偏差极限值。再进行齿轮副精度设计,一对互相啮合的齿轮安装要求中心距的尺寸偏差和齿轮副的轴向平行度偏差。最后进行齿坯精度设计,包括齿轮内孔和轴颈的尺寸精度。几何精度包括圆柱度、圆跳动、包容要求,表面粗糙度包括工作表面和非工作表面的粗糙度设计。

第8章 渐开线圆柱齿轮精度设计

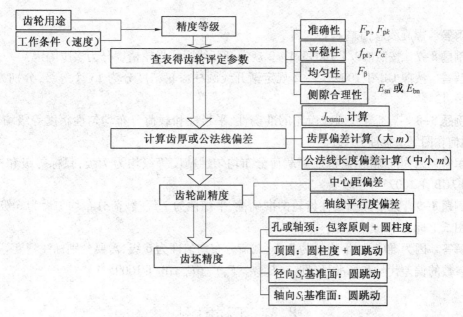

图 8.11 渐开线圆柱齿轮的精度设计流程图

8.2 例题解析

例题 8-1 对于精密机床的分度机构、测量仪器上的读数分度齿轮,对哪项使用要求较高?

解答 精密机床的分度机构、测量仪器上的读数分度齿轮,对其分度要求准确,负荷不大,传递运动准确性要求较高。

例题 8-2 对于起重机械、矿山机械中的低速动力齿轮,对哪项使用要求较高?

解答 对于起重机械、矿山机械中的低速动力齿轮,工作载荷大,模数较大,转速一般较低,强度是主要的,对载荷分布均匀性要求较高。

例题 8-3 对于汽轮机、高速发动机、减速器及高速机床变速箱中的齿轮,对哪项使用要求较高?

解答 对于汽轮机、高速发动机、减速器及高速机床变速箱中的齿轮,传递功率大,圆周速度高,要求工作时振动、冲击和噪声小,所以这类齿轮对传动的平稳性要求较高。

例题 8-4 评定渐开线圆柱齿轮传递运动准确性时的强制性必检评定参数名称、符号?

解答 齿距累积总偏差 F_p,对于齿数较多且精度要求很高的齿轮和非圆整齿轮需加检齿距累积偏差 F_{p_k}。

例题 8-5 评定渐开线圆柱齿轮传递运动平稳性时的强制性必检评定参数名称、符号?

解答 单个齿距偏差 f_{pt},齿廓总偏差 F_α。

例题 8-6 评定渐开线圆柱齿轮载荷分布均匀性时的强制性必检评定参数名称、符号?

解答 螺旋线总偏差 F_β。

例题 8-7 按照 GB/T 10095.1~2 规定渐开线圆柱齿轮精度分为多少等级?

解答 按照 GB/T 10095.1~2 规定渐开线圆柱齿轮精度分为 13 个等级,分别为 0、1、2、…、12。

例题 8-8 某渐开线圆柱齿轮的准确性、平稳性和载荷分布均匀性精度等级均为 7 级,如何在图纸上标注?

解答 因为准确性、平稳性和载荷分布均匀性精度等级均为 7 级,只标等级和标准号,即 7GB/T 10095.1~2。

例题 8-9 某渐开线圆柱齿轮的准确性、平稳性为 7 级,载荷分布均匀性为 6 级,如何在图纸上标注?

解答 因为准确性、平稳性为 7 级,载荷分布均匀性为 6 级,需要分别标注精度等级、评定参数的偏差代号和标准号,即:$7(F_p、f_{pt}、F_\alpha)$、$6F_\beta$ GB/T 10095.1。

8.3 工程案例

案例 已知某机床主轴箱传动轴的一对直齿齿轮,$z_1=26$,$z_2=56$,$m=2.75$,$b_1=28$,$b_2=24$,小齿轮基准孔的公称尺寸 $d=\phi 30$ mm,转速 $n_1=1\ 650$ r/min,箱体上两对轴承孔中较长的跨距 $L=90$,齿轮、箱体材料为黑色金属,单件小批生产,要求设计小齿轮精度,并将技术要求标注在齿轮零件图上。

解答 (1)确定齿轮精度等级。

计算齿轮的圆周速度:

$$v=\frac{\pi d_1 n_1}{1\ 000\times 60}=\frac{\pi m z_1 n_1}{1\ 000\times 60}=6.2\ (\text{m/s})$$

根据 $v=6.2$ m/s,直齿齿轮,查表 8.1 得平稳性精度等级为 7 级。由于该齿轮的运动精度要求不高,传递动力不大,故 3 项精度要求均取 7 级。图样标注为:7 GB/T 10095.1。

(2)确定齿轮的必检参数及其允许值。

由 $d_1=mz=2.75\times 26$ mm $=71.5$ mm,$b_1=28$ 和 7 级精度,查表 8.2 和表 8.3 得运动精度 $F_p=0.038$ mm;平稳性精度 $f_{pt}=\pm 0.012$ mm,$F_\alpha=0.016$ mm;载荷分布均匀性 $F_\beta=0.017$ mm。

(3)确定最小法向侧隙和齿厚的上下偏差。

①计算最小法向侧隙:

$$a=\frac{1}{2}(d_1+d_2)=\frac{m}{2}(z_1+z_2)=112.75\text{ mm}$$

$$j_{bnmin}=\frac{2}{3}(0.06+0.0005a+0.03m_n)=0.133\text{ mm}$$

$$j_{bn} = \sqrt{0.88(f_{pt1}^2 + f_{pt2}^2) + \left[2 + 0.34\left(\frac{L}{b}\right)^2\right] F_\beta^2}$$

②E_{sns}的计算：

$$E_{sns} = -\left(\frac{j_{bnmin} + j_{bn}}{2\cos\alpha} + f_a \tan\alpha\right) = -0.103 \text{ mm}$$

③E_{sni}的计算：

$$T_{sn} = \sqrt{F_r^2 + b_r^2} \cdot 2\tan\alpha = 0.058 \text{ mm}, E_{sni} = E_{sns} - T_{sn} = -0.161 \text{ mm}$$

(4)计算公法线的公称长度及其上下偏差。

①W_k计算：

$$k = \frac{z}{9} + 0.5 = \frac{26}{9} + 0.5 \approx 3$$

$$W_k = m[2.952(k-0.5) + 0.014z_1] = 21.297 \text{ mm}$$

②E_{bns}、E_{bni}计算：

$$E_{bns} = E_{sns}\cos\alpha - 0.72F_r\sin\alpha = -0.104 \text{ mm}$$

$$E_{bni} = E_{sni}\cos\alpha + 0.72F_r\sin\alpha = -0.144 \text{ mm}$$

则在图样上标注为 $W_k = 21.297_{-0.144}^{-0.104}$ mm。

(5)确定齿坯精度。

①内孔：由尺寸公差表8.5得，在图上的标注为 $\phi30H7$Ⓔ；

内孔的圆柱度公差 $t = [0.04(L/b)F_\beta, 0.1F_p]_{min} = 0.002$ mm。

②顶圆精度。选取顶圆作为测量基准，公称尺寸 $d_a = m(z_1+2) = 77$ mm，尺寸公差为IT8。在图上标注为 $\phi77h8$。

顶圆径向圆跳动公差 $t = 0.3, F_p = 0.011$ mm；

顶圆的圆柱度公差 $t = [0.04(L/b)F_\beta, 0.1F_p]_{min} = 0.002$ mm。

③径向基准面 S_r，由于齿顶圆作为加工和测量基准，因此不必另规定径向基准面。

④轴向基准面 S_i 的轴向跳动公差 $t = 0.2(D_d/b)F_\beta = 0.008$ mm。

⑤表面粗糙度。

齿面表面粗糙度轮廓 Ra 的上限值为 1.25 μm。或 Rz 的上限值为 8.0 μm。

内孔表面粗糙度轮廓 Ra 的上限值为 1.25 μm，顶圆为 3.2 μm，端面为 2.5 μm，其余为 12.5 μm。

(6)未注尺寸公差为 f 级，未注几何公差为 K 级。

(7)公差要求标注如图 8.12 所示。

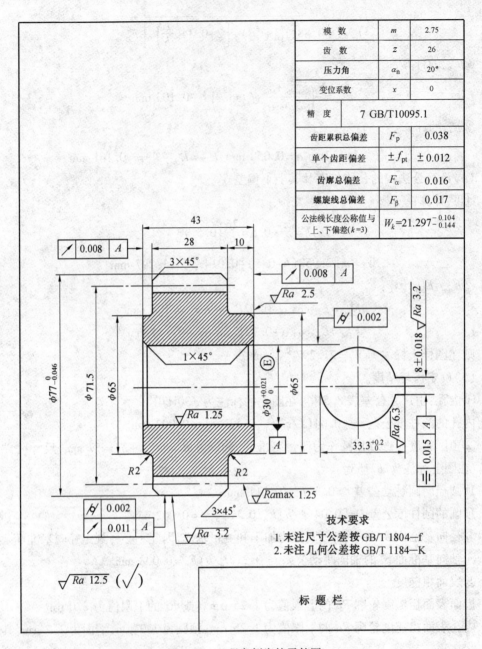

图 8.12 工程案例齿轮零件图

8.4 习题答案

习题 8-1 对齿轮传动有哪些使用要求？

解答 传递运动的准确性、传动的平稳性、载荷分布均匀性和传动侧隙合理性。

习题 8-2 齿轮副精度评定指标有哪些？

第8章 渐开线圆柱齿轮精度设计

解答 齿轮副精度评定指标有中心距偏差、主动轮和从动轮轴线在轴线平面和垂直轴线平面上的平行度偏差以及接触斑点。

习题 8-3 简述评定渐开线圆柱齿轮精度时必检评定指标的名称、符号?

解答 传递运动准确性:齿距累积总偏差 F_p,对于齿数较多且精度要求很高的齿轮和非圆整齿轮加检齿距累积偏差 F_{pk};传动平稳性:单个齿距偏差 f_{pt};齿廓总偏差 F_α;载荷分布均匀性:螺旋线总偏差 F_β。

习题 8-4 简述评定齿轮侧隙时评定指标的名称、符号?

解答 对大模数齿轮一般标注公称齿厚及其上下偏差 $S_n{}^{E_{sns}}_{E_{sni}}$;对中小模数齿轮一般标注公称公法线长度及其上下偏差 $W_k{}^{E_{bns}}_{E_{bni}}$。

习题 8-5 某减速器中一对标准渐开线直齿圆柱齿轮,模数 $m=3.5$ mm,大、小齿轮齿数分别为 $z_1=25$、$z_2=100$,小齿轮为主动轮,转速 $n=1\,400$ r/min。试确定小齿轮的精度等级。

解答 计算小齿轮在分度圆上的圆周转速:$v=\dfrac{\pi\times m\times z\times n}{1\,000\times 60}=6.4$ m/s,查齿轮精度表(表 8.1),选用 7 级齿轮。

第9章 尺寸链精度设计

9.1 重难点讲解

尺寸链精度设计是多个尺寸精度分配设计的重要方法,也是教学和考试的重点内容之一。本章需要掌握的重要知识点包括尺寸链定义和组成、尺寸链图绘制方法和极值法求解尺寸链。

1. 尺寸链定义、特征及组成

(1)尺寸链:在机器装配或零件加工过程中,由相互连接的尺寸形成的封闭尺寸组。

(2)特征:封闭性和函数性。

(3)尺寸链的组成。

尺寸链由环构成,环可以分为封闭环和组成环,组成环包括增环和减环。

2. 尺寸链图的绘制方法以及封闭环和增减环的判别方法

(1)尺寸链图定义:由组成环和封闭环的尺寸形成的一个封闭回路图。

(2)画法:从基准开始,按加工或装配顺序,依次画出各环,环与环不间断形成一个封闭的回路图。装配或加工过程中最后自然形成的尺寸为封闭环。

(3)画箭头法判断增环和减环的步骤为:

①在封闭环上画一个任意方向的箭头,沿已定箭头方向,在尺寸链回路中每个组成环上各画出一个箭头,彼此首尾相连;

②如果某组成环的方向与封闭环相反,该组成环为增环;如果某组成环的方向与封闭环相同,则该组成环为减环。

3. 极值法解尺寸链的基本计算公式

(1)公称尺寸的计算为

$$A_0 = \sum_{1}^{m} A_{i(+)} - \sum_{m+1}^{n-1} A_{i(-)} \tag{9.1}$$

(2)极限尺寸的计算公式为

$$A_{0\max} = \sum_{1}^{m} A_{i(+)\max} - \sum_{m+1}^{n-1} A_{i(-)\min} \tag{9.2}$$

$$A_{0\min} = \sum_{1}^{m} A_{i(+)\min} - \sum_{m+1}^{n-1} A_{i(-)\max} \tag{9.3}$$

(3)极限偏差的计算公式为

$$\text{ES}_0 = \sum_{1}^{m} \text{ES}_{i(+)} - \sum_{m+1}^{n-1} \text{EI}_{i(-)} \tag{9.4}$$

$$\text{EI}_0 = \sum_{1}^{m} \text{EI}_{i(+)} - \sum_{m+1}^{n-1} \text{ES}_{i(-)} \tag{9.5}$$

(4) 公差的计算公式为

$$T_0 = |\text{ES}_0 - \text{EI}_0| = \sum_{i=1}^{n-1} T_i \tag{9.6}$$

封闭环的公差等于所有组成环的公差之和,该公式为校核公式。

4. 极值法计算尺寸链方法

尺寸链的精度设计流程如图9.1所示,包括4个步骤:绘制尺寸链图,判断封闭环、增减环,接着按照极值法计算,校核设计结果。首先绘制尺寸链图:从基准开始,按照加工或装配的工艺顺序依次绘制各个组成环,加工或装配自然形成的一环连接,形成封闭环,尺寸链图要求封闭性和函数性。然后判断增减环:从封闭环上绘制任意方向箭头,按照首尾相接的方法,依次绘制其余各个环的箭头,如果方向与封闭环的箭头方向相反,判断为增环;反之为减环。接着按极值法计算:封闭环公称尺寸等于所有增环公称尺寸和减去所有减环公称尺寸之和,封闭环的上偏差等于所有增环的上偏差和减去所有减环的下偏差之和,封闭环的下偏差等于所有增环的下偏差和减去所有减环的上偏差之和。最后进行尺寸链精度设计的校核方法:封闭环的公差等于所有组成环的公差之和,即等于封闭环的上偏差与下偏差之差,如果两者相同的话,则可以判断尺寸链计算的正确性和合理性。

图 9.1 尺寸链设计流程图

9.2 例题解析

例题 9-1 尺寸链的特征是什么?

解答 封闭性、函数性。

例题 9-2 尺寸链图的绘制步骤有哪些?

解答 从基准开始,按加工或装配顺序,依次画出各环,环与环不间断形成一个封闭回路图。

例题 9-3 画箭头法判断增环和减环的步骤有哪些?

解答 首先在封闭环上画一箭头,然后按照尺寸链回路画各组成环的箭头,彼此首尾相连,若某组成环上的箭头方向与封闭环上的箭头方向相反,则该环为增环,若某组成环上的箭头方向与封闭环的箭头方向相同为减环。

例题 9-4 极值法计算尺寸链的步骤是什么?

解答 第一步绘制尺寸链图,第二步判断封闭环、增环和减环,第三步按极值法公式计算封闭环或组成环的极限偏差和极限尺寸;第四步按照校核公式校核计算结果的正确性。

例题 9-5 封闭环的公称尺寸和增环、减环的公称尺寸的关系是什么?

解答 封闭环公称尺寸等于增环公称尺寸之和减去减环公称尺寸之和。

例题 9-6 根据封闭环的公称尺寸公式和极限尺寸公式,推导极限偏差和公差的计算公式。

解答 极限偏差和公差的公式推导如下:

$$ES_0 = A_{0\max} - A_0$$

$$= \left(\sum_1^m A_{i(+)\max} - \sum_{m+1}^{n-1} A_{i(-)\min}\right) - \left(\sum_1^m A_{i(+)} - \sum_{m+1}^{n-1} A_{i(-)}\right)$$

$$= \sum_1^m (A_{i(+)\max} - A_{i(+)}) - \sum_{m+1}^{n-1} (A_{i(-)\min} - A_{i(-)})$$

$$= \sum_1^m ES_{i(+)} - \sum_{m+1}^{n-1} EI_{i(-)} \qquad (9.7)$$

$$EI_0 = A_{0\min} - A_0$$

$$= \left(\sum_1^m A_{i(+)\min} - \sum_{m+1}^{n-1} A_{i(-)\max}\right) - \left(\sum_1^m A_{i(+)} - \sum_{m+1}^{n-1} A_{i(-)}\right)$$

$$= \sum_1^m (A_{i(+)\min} - A_{i(+)}) - \sum_{m+1}^{n-1} (A_{i(-)\max} - A_{i(-)})$$

$$= \sum_1^m EI_{i(+)} - \sum_{m+1}^{n-1} ES_{i(-)} \qquad (9.8)$$

$$T_0 = |ES_0 - EI_0|$$

$$= \left|\left(\sum_1^m ES_{i(+)} - \sum_{m+1}^{n-1} EI_{i(-)}\right) - \left(\sum_1^m EI_{i(+)} - \sum_{m+1}^{n-1} ES_{i(-)}\right)\right|$$

$$= \left|\sum_1^m (ES_{i(+)} - EI_{i(+)}) + \sum_{m+1}^{n-1} (ES_{i(-)} - EI_{i(-)})\right|$$

$$= \sum_1^m T_{i(+)} + \sum_{m+1}^{n-1} T_{i(-)}$$

$$= \sum_1^{n-1} T_i \qquad (9.9)$$

例题 9-7 封闭环的公差与组成环的公差之间有什么关系?

解答 封闭环的公差等于所有组成环的公差之和。这是一个重要的校核公式。

例题 9-8 套筒零件尺寸如图 9.2 所示,加工顺序:(1)车外圆得 $\phi 30_{-0.04}^{0}$ mm;(2)钻内孔得 $\phi 20_{0}^{+0.06}$ mm,内孔对外圆轴线的同轴度公差为 $\phi 0.02$ mm。试计算其壁厚尺寸。

解答 (1)绘制尺寸链图如图 9.3 所示。定义外圆半径 $A_1 = \phi 15_{-0.02}^{0}$ mm,内孔半径 $A_2 = \phi 10_{0}^{+0.03}$ mm,同轴度公差 $A_3 = 0 \pm 0.01$ mm,壁厚为 A_0。

(2)A_0 为封闭环,A_1、A_3 是增环,A_2 为减环。

(3)极值法计算:$A_0 = A_1 + A_3 - A_2 = 5$ mm。

$ES_0 = ES_{A_1} + ES_{A_3} - EI_{A_2} = +0.01$ mm;

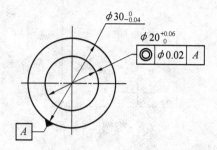

图9.2 例题9-8套筒零件图

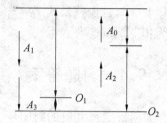

图9.3 例题9-8尺寸链图

$EI_0 = EI_{A_1} + EI_{A_3} - ES_{A_2} = -0.06$ mm。

(4)校核：$T_0 = |ES_0 - EI_0| = 0.07$ mm，且校核公式 $T_0 = T_1 + T_2 + T_3 = 0.07$ mm。校核结果一致，计算正确。壁厚为 $5^{+0.01}_{-0.06}$ mm。

9.3 工程案例

案例 如图9.4所示，环形零件的壁厚为 $5^{+0.01}_{-0.06}$ mm，外圆镀铬金属薄膜时，镀层厚度是多少才能保证壁厚为 (5 ± 0.05) mm。

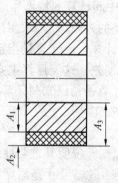

图9.4 案例环形零件图

解答 (1)绘制尺寸链图如图9.5所示，环形零件未镀膜前的壁厚 $A_1 = 5^{+0.01}_{-0.06}$ mm，镀膜厚度为 A_2，镀膜后的壁厚为 $A_0 = 5\pm0.05$ mm。

(2) A_0 为镀膜后自然形成的尺寸，因此 A_0 为封闭环，A_1 和 A_2 是增环。

(3)极值法计算：$A_2 = A_0 - A_1 = 0$ mm；

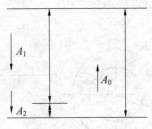

图9.5 案例尺寸链图

$ES_{A_2} = ES_{A_0} - ES_{A_1} = +0.04$ mm；

$EI_{A_2} = EI_{A_0} - EI_{A_1} = +0.01$ mm；

（4）校核：$T_0 = |ES_0 - EI_0| = 0.1$ mm；且校核公式 $T_0 = T_1 + T_2 = 0.1$ mm。校核结果一致，计算正确。镀层厚度变化范围为：$0^{+0.04}_{+0.01}$ mm。

9.4 习题答案

习题9-1 什么叫尺寸链？如何确定尺寸链的封闭环、增环和减环？

解答 尺寸链是在机器装配或零件加工过程中，由相互连接的尺寸形成的封闭尺寸组。

封闭环是指装配或加工后自然形成的环；可通过所画箭头的指向确定增环和减环。

习题9-2 计算尺寸链的常用方法有哪几种，每种方法的特点是什么？

解答 计算尺寸链的常用方法有极值法和概率法。极值法的优点是简单可靠，概率法则较科学。在组成环数目较小时，采用极值法简便，在组成环数目较多时，同样的封闭环公差值，用概率法计算可以得到较大的组成环公差，因而便于加工，实际生产中，概率法在装配尺寸链的计算中应用得更为普遍，而极值法和图解法则在工艺尺寸链计算中用得较多。

习题9-3 正计算、反计算和中间计算的特点和应用场合是什么？

解答 正计算是指已知组成环的极限尺寸，求封闭环的极限尺寸。这类计算主要用来验算设计的正确性，又称为校核计算。反计算是指已知封闭环的极限尺寸和各组成环的公称尺寸，求各个组成环的极限偏差。这类计算主要用于设计中，即根据机器的使用要求来分配各个零件的公差。中间计算是指已知封闭环和部分组成环的极限尺寸，求某一组成环的极限尺寸，这类计算常用在工艺尺寸的计算。反计算和中间计算通常称为设计计算。

习题9-4 何谓最短尺寸链原则？说明其重要性。

解答 在建立尺寸链时应遵守"最短尺寸链原则"，即对于某一封闭环，若存在多个尺寸链，应选择组成环数最少的尺寸链进行分析计算。因为在装配精度要求一定的情况下，组成环数目越少，则各组成环所分配到的公差就越大，加工越容易。

习题9-5 如图9.6所示为T形滑块与导槽的配合，若已知 $A_1 = 30^{-0.04}_{-0.08}$ mm, $A_2 = 30^{+0.14}_{0}$ mm, $A_3 = 23^{0}_{-0.28}$ mm, $A_4 = 24^{+0.28}_{0}$ mm，几何公差要求如图所示。试用极值法计算当滑块与导槽大端在一侧接触时，同侧小端的间隙范围。

第9章 尺寸链精度设计

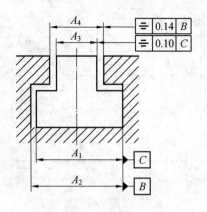

图9.6 习题9-5图

解答 （1）以导轨和滑块大端右侧面为基准，右侧间隙尺寸链图如图9.7所示。导轨、滑块均为对称零件，设导轨对称度为 A_5，滑块对称度为 A_6。

（2）滑块与导轨小端右端间隙为+0.27～+0.88 mm。

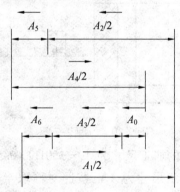

图9.7 习题9-5尺寸链图

习题 9-6 如图9.8所示部件，轴固定，齿轮在轴上转动，齿轮端面与挡环的间隙要求 A_0 为 0.05～0.35 mm。已知各零件的公称尺寸为 A_1=30 mm，A_2=5 mm，A_3=43 mm，A_4 是标准件（卡簧），$A_4 = 3_{-0.05}^{\ 0}$ mm，A_5=5 mm。试用极值法设计各组成环的上下偏差。

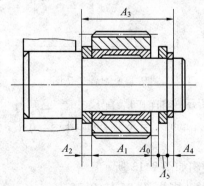

图9.8 习题9-6图

· 123 ·

解答 (1)尺寸链图如图9.9所示。

(2)各组成环的上下偏差 $A_1 = 30_{-0.084}^{0}, A_2 = 5_{-0.048}^{0}, A_3 = 43_{0}^{+0.1}, A_5 = 5_{-0.068}^{-0.050}$。

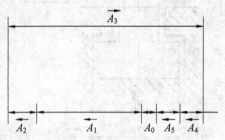

图9.9 习题9-6尺寸链图

习题 9-7 参看图9.10,孔、轴间隙配合要求 $\phi50H9/f9$,而孔镀铬使用,镀层厚度 $A_2 = A_3 = 10 \pm 2$ μm,试用极值法计算孔镀铬前的加工尺寸。

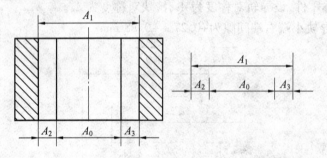

图9.10 习题9-7图

解答 (1)定义孔镀铬后的加工尺寸为 $A_0 = \phi50H9 = \phi50_{0}^{+0.062}$ mm,镀膜厚度为 $A_2 = A_3 = 0_{+0.008}^{+0.012}$ mm,孔镀铬前的加工尺寸为 A_1。按照对称取半的方法,绘制尺寸链图如图9.11所示。

(2)孔镀铬前的加工尺寸为 $A_1 = \phi50_{+0.024}^{+0.078}$ mm。

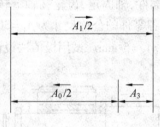

图9.11 习题9-7图

习题 9-8 如图9.12所示曲轴轴向装配尺寸链,已知各组成环公称尺寸及极限偏差为 $A_1 = 43_{+0.05}^{+0.10}$ mm, $A_2 = 2.5_{-0.04}^{0}$ mm, $A_3 = 38_{-0.07}^{0}$ mm, $A_4 = 2.5_{-0.04}^{0}$ mm。试用极值法计算轴向间隙 A_0 的变动范围。

解答 (1)绘制尺寸链图如图9.13所示。

(2)轴向间隙 A_0 的变动范围为 +0.05 ~ +0.25 mm。

习题 9-9 如图9.14(a)为轴及其键槽尺寸标注,参看图9.14(b),该轴和键槽的加

第9章 尺寸链精度设计

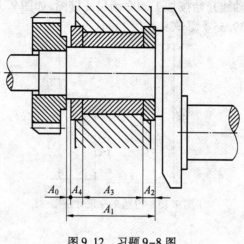

图 9.12 习题 9-8 图

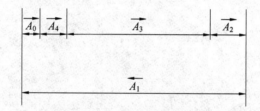

图 9.13 习题 9-8 尺寸链图

工顺序如下：先按工序尺寸 $A_1 = \phi 45.6_{-0.1}^{0}$ 车外圆柱面，再按工序尺寸 A_2 铣键槽，淬火后，按图样标注尺寸 $A_3 = \phi 45.5_{+0.002}^{+0.018}$ mm 磨外圆柱面至设计尺寸。轴加工完后要求键槽底面尺寸 A_0 符合图样标注的尺寸 $39.5_{-0.2}^{0}$ mm。试分别用极值法计算尺寸链，确定工序尺寸 A_2 的极限尺寸。

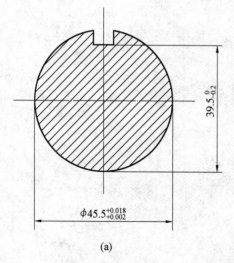

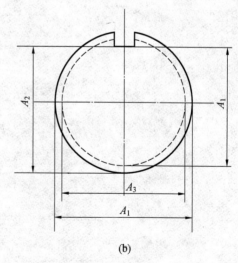

图 9.14 习题 9-9 图

解答 (1) 从基准轴线开始按加工顺序画尺寸链图,如图 9.15 所示。

(2) 工序尺寸 $A_2 = 39.55_{-0.201}^{-0.059} = 39.5_{-0.151}^{-0.009}$ mm。

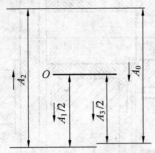

图 9.15　习题 9-9 尺寸链图

第10章 哈尔滨工业大学试题与参考答案

互换性与测量技术基础 试题一

题号	一	二	三	四	五	六	七	卷面分	平时成绩	总分
分数										
评卷人										

一、是非题(每题1分,共10分)

1. ( )零件的基本偏差越大,公差等级越低。
2. ( )孔的作用尺寸是对一批零件而言的,是固定不变的。
3. ( )配合性质不仅与基本偏差有关,还与公差等级及公称尺寸有关。
4. ( )孔或轴的尺寸公差与公称尺寸有确定关系,而几何公差与主参数有关。
5. ( )当滚动轴承其他条件都相同时,如果套圈所受的负荷为循环负荷,该套圈的配合就应选用偏紧的配合。
6. ( )普通螺纹标准中规定了中径公差、螺距公差和牙侧角公差。
7. ( )与滚动轴承相配的轴为 $\phi25m6$,则它们之间形成过渡配合。
8. ( )内螺纹的作用中径总是小于其单一中径的。
9. ( )平键为标准件,故平键与轴槽的配合为基轴制。
10. ( ) f_{pt} 是单个齿距偏差,它影响齿轮运动的准确性。

二、选择题(每题1分,共10分)

1. 在尺寸链中,封闭环的公差一定( )任何一个组成环的公差。
   a. 大于　　　　　　b. 小于　　　　　　c. 等于　　　　　　d. 大于和等于
2. 径向圆跳动公差带的形状是( )。
   a. 两平行平面　　　b. 一对同心圆环　　c. 一对同轴圆柱面
3. 保证互换性生产的基础是( )。
   a. 现代化　　　　　b. 标准化　　　　　c. 大量生产
4. 根据同一公差要求,加工出一批零件,但装配前必须进行附加修配方可达到技术要求,请问这属于按( )进行生产。
   a. 不互换　　　　　b. 完全互换　　　　c. 不完全互换
5. 表面粗糙度体现零件表面的( )。
   a. 尺寸误差　　　　b. 宏观几何形状误差　c. 微观几何形状误差

6. 轮毂可在装键的轴上滑动,则应选择( )。
   a. 松联结　　　　　b. 正常联结　　　　　c. 紧密联结
7. 滚动轴承内圈与轴颈采用基孔制配合,与一般圆柱零件的基孔制配合相比较,当公称尺寸相同,且轴的公差带相同时( )。
   a. 其配合性质相同　　b. 其配合性质较松　　c. 其配合性质较紧
8. 平键联结中,有导向要求时,轴键槽宽和轮毂键槽宽公差带选用( )。
   a. H9 和 D10　　　b. N9 和 JS9　　　c. P9 和 P9
9. 齿轮检验参数中齿廓总偏差 F_α 可以检验齿轮的( )。
   a. 准确性　　b. 平稳性　　c. 载荷分布均匀性　　d. 齿侧间隙的合理性
10. 普通螺纹联接的旋合长度越长,其可旋合性( )。
    a. 越好　　　　　b. 越差　　　　　c. 不影响

三、填空题(每空 1 分,共 10 分)

1. 对分度齿轮的主要要求是传递运动的_____;对低速重载齿轮的主要要求是_____;对高速动力齿轮的主要要求是_____。
2. 在尺寸公差带图中,公差带的大小由_____决定,公差带的位置由_____决定。
3. 按对产品零件的互换性程度,互换性可分为_____和_____两种。
4. $\phi 60 \dfrac{J7}{h6}$ 为基_____制_____配合,h6 的基本偏差为_____偏差。

四、设计题(10 分)

如图 10.1 所示为导杆与衬套的配合,公称尺寸为 $\phi 25$ mm,要求间隙为 +6 ~ +42 μm,试确定该处的配合制、公差等级和配合种类,写出配合代号,并绘出尺寸公差带图。标准公差数值表和基本偏差数值表见表 10.1 和 10.2。

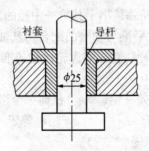

图 10.1　试卷一第四题图

表 10.1　标准公差数值表

公称尺寸/mm		公差等级										
		IT01	IT0	IT1	IT2	IT3	IT4	IT5	IT6	IT7	IT8	IT9	IT10
大于	至	μm										
18	30	0.6	1	1.5	2.5	4	6	9	13	21	33	52	84
30	50	0.6	1	1.5	2.5	4	7	11	16	25	39	62	100

表10.2 基本偏差数值表

基本偏差代号	上偏差(es)					下偏差(ei)		
	e	ef	f	fg	g	r	s	t
等级 公称尺寸	所有等级							
>24~30	−40	—	−20	—	−7	+28	+35	+41

五、计算题(10分)

某孔轴配合,其公称尺寸为 $\phi40$ mm,孔的 $D_{max}=\phi40.025$ mm, $D_{min}=\phi40$ mm;轴的 $d_{max}=\phi40.033$ mm, $d_{min}=\phi40.017$ mm。分别求其极限偏差和公差值,说明基准制及配合性质,并画出尺寸公差带图。

六、尺寸链计算题(10分)

有一批孔,直径为 $\phi50^{+0.044}_{+0.020}$ mm,要求镀铬后满足直径为 $\phi50^{+0.03}_{0}$ mm,试用尺寸链极值法求镀层的厚度范围。

七、标注题(10分) 将下列技术要求,按国家标准规定标注在图10.2上:

(1) $\phi8$ 孔的中心线对 $\phi30$H7 孔的中心线在任意方向的垂直度公差为 20 μm;
(2) 底盘右端面 I 的平面度公差为 15 μm;
(3) $\phi30$ H7 孔内表面圆柱度公差为 6 μm;
(4) $\phi50$ 圆柱面圆度公差为 4 μm;
(5) $\phi50$ 轴心线对 $\phi30$ H7 孔的中心线的同轴度公差为 12 μm;
(6) 底盘左端面 II 对 $\phi30$ H7 孔的中心线的轴向圆跳动公差为 25 μm;
(7) 底盘右端面 I 对底盘左端面 II 的平行度公差为 30 μm;
(8) $\phi30$H7 遵守包容要求。

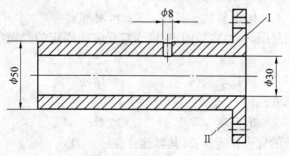

图10.2 试卷一第七题图

互换性与测量技术基础 试题二

题号	一	二	三	四	五	六	七	卷面分	平时成绩	总分
分数										
评卷人										

一、是非题（每题1分，共10分）

1. （　）图样给出零件的基本偏差绝对值越大，则公差等级越低。
2. （　）间隙是对一批孔和一批轴而言的，它是固定不变的。
3. （　）当滚动轴承的套圈与负荷相对旋转时，配合应适当松些。
4. （　）平键联结中，键宽尺寸的不同配合是依靠改变轴槽和轮毂槽宽度公差带的位置来获得。
5. （　）实际尺寸是通过测量获得的尺寸，因此它是尺寸的真值。
6. （　）同一个圆柱面的圆度误差一定小于圆柱度误差。
7. （　）普通螺纹标准中规定了中径公差、螺距公差和牙侧角公差。
8. （　）f_{pt}是用来评定齿轮传递运动的准确性的。
9. （　）齿坯公差是指齿轮孔的尺寸公差，不包括齿坯的形状公差。
10. （　）为保证机器的使用性能，表面粗糙度参数值选得越小越好。

二、选择题（每题1分，共10分）

1. 基孔制过渡配合和过盈配合中，轴的基本偏差代号为（　）。
   a. a~h　　　　b. j~zc　　　　c. a~zc
2. 平键联结中，有导向要求时，轴键槽宽和轮毂键槽宽公差带选用（　）。
   a. H9和D10　　b. N9和JS9　　c. P9和P9
3. 孔的中心线任意方向的位置度公差带的形状是（　）。
   a. 圆柱面　　b. 两平行平面　　c. 两同心圆　　d. 圆柱体
4. （　）在公差框格中的公差值前要加φ。
   a. 圆度　　b. 圆柱度　　c. 对称度　　d. 同轴度
5. 某滚动轴承的外圈转动、内圈固定，则当它受方向固定的径向负荷作用时，内圈所受的是（　）。
   a. 定向负荷　　b. 摆动负荷　　c. 循环负荷
6. 平键的配合尺寸是（　）。
   a. 宽度　　b. 高度　　c. 长度
7. 普通螺纹联接的旋合长度越长，其可旋合性（　）。
   a. 越好　　b. 越差　　c. 不影响
8. 已知某基孔制配合的最大间隙为+74 μm，轴的上偏差为-20 μm，则其配合公差为( )μm。
  a. 37   b. 20   c. 54
9. 在以下表面粗糙度参数中,不能单独选用的是( )。
  a. Ra b. Rz c. Rsm
10. 轴的体外作用尺寸( )其实际尺寸。
  a. 大于   b. 小于   c. 等于

三、填空题(每空 0.5 分,共 10 分)

1. M6—5h6h 中,5 代表_____螺纹_____径的公差等级。
2. 向心球轴承的精度等级由低到高分别用数字_____表示;滚动轴承外圈与基座孔的配合采用_____制,内圈与轴颈的配合采用_____制。
3. 在尺寸公差带图中,公差带的大小由_____决定,公差带的位置由_____决定。
4. 协调几何公差与尺寸公差,当有配合性质要求时采用_____要求,有可装配性要求时采用_____要求,有连接强度要求时采用_____要求。
5. 齿轮传动的 4 项使用要求是_____,_____,_____和_____。
6. 在尺寸链计算中,_____环的公差值最大,其值等于_____。
7. 评定表面粗糙度时,幅度方向的两个参数(填写代号)是_____和_____。
8. 按产品零件的互换性程度,互换性可分为_____和_____两种。

四、设计题(10 分)

已知公称尺寸为 $\phi 60$ mm 的基孔制配合,$Y_{max} = -0.053$ mm,$X_{max} = +0.027$ mm,试确定孔、轴的公差等级,并选择适当的配合,画出尺寸公差带图,写出配合代号。标准公差数值表和基本偏差数值表见表 10.3 和 10.4。

表 10.3 标准公差数值表

公称尺寸/mm		公差等级									
		IT1	IT2	IT3	IT4	IT5	IT6	IT7	IT8	IT9	IT10
大于	至	μm									
50	80	2	3	5	8	13	19	30	46	74	120
80	120	2.5	4	6	10	15	22	35	54	87	140

表 10.4 轴的基本偏差数值表

基本偏差代号	上偏差 es /μm					下偏差 ei /μm		
	e	ef	f	fg	g	m	n	p
等级 公称尺寸	所有等级							
>50~80	−60	—	−30	—	−10	+11	+20	+32
>80~100	−72	—	−36	—	−12	+13	+23	+37
>100~120								

五、计算题(10 分)

已知 $\phi 30 N7(^{-0.007}_{-0.028})$ 和 $\phi 30 t7(^{+0.054}_{+0.041})$，试计算 $\phi 30 \dfrac{H7}{n6}$ 和 $\phi 30 \dfrac{T7}{h6}$ 的配合公差，并画出尺寸公差带图。

六、尺寸链计算题(10 分)

图 10.3(a)为滑块与槽形导轨的配合图和零件图。已知导轨与滑块的尺寸 A_1 为 $24^{+0.28}_{0}$，A_2 为 $30^{+0.14}_{0}$，A_3 为 $23^{0}_{-0.28}$，A_4 为 $30^{-0.04}_{-0.08}$，几何公差要求如图 10.3(b)及(c)所示。试计算当滑块与导轨大端在右侧接触时，滑块与导轨小端右侧的间隙。

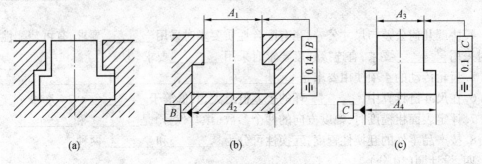

图 10.3 试卷二第六题图

七、标注题(10 分)

将下述几何公差标注在图 10.4 中：

(1)左端面的平面度公差为 0.01 mm；

(2)右端面对左端面的平行度公差为 0.04 mm；

(3)$\phi 70H7$ 孔的中心线对左端面的垂直度公差为 0.02 mm；

(4)$4×\phi 20H8$ 孔的中心线对左端面(第一基准)和 $\phi 70H7$ 孔的中心线(第二基准)的位置度公差为 0.15 mm；

(5)$\phi 210h7$ 的轴心线对 $\phi 70H7$ 孔的中心线的同轴度公差为 0.03 mm；

(6)$\phi 210h7$ 圆柱面对 $\phi 70H7$ 孔的中心线的径向圆跳动公差为 0.05 mm；

(7)$\phi 70H7$ 孔的圆柱度公差为 0.01 mm。

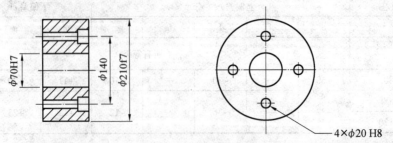

图 10.4 试卷二第七题图

互换性与测量技术基础　试题三

题号	一	二	三	四	五	六	七	八	九	卷面分	平时成绩	总分
分数												
评卷人												

一、是非题（每题1分,共10分）

1.（　）因为实际尺寸与公称尺寸之差是实际偏差,故实际偏差越小,尺寸精度就越高。

2.（　）轴的最小实际尺寸即为轴的最小极限尺寸。

3.（　）有形状误差的要素一定有位置误差。

4.（　）对任何零件,都是表面粗糙度的 Ra 值越小越好。

5.（　）在滚动轴承与非标准件的配合中,均优先选择基孔制配合。

6.（　）对于普通螺纹,所谓中径合格,就是指单一中径、牙型半角和螺距都是合格的。

7.（　）普通螺纹的中径公差,既可控制牙侧角的偏差,又可控制螺距的偏差。

8.（　）尺寸 $\phi 25_{-0.041}^{-0.020}$ 的精度低于尺寸 $\phi 25_{-0.028}^{-0.007}$。

9.（　）平键联结中,宽度的不同配合是依靠改变轴槽和轮毂槽宽度公差带的位置。

10.（　）齿轮副的侧隙越小,则齿轮的精度越高。

二、选择题（每题1分,共10分）

1. 图上未注公差的线性尺寸是(　　)。
  a. 自由尺寸,其公差不做任何要求
  b. 其精度等级低于标准公差的最低级 IT18
  c. 有公差要求的尺寸,其公差等级为 IT12～IT18 级

2. 影响齿轮副侧隙的主要因素是(　　)。
  a. 齿距累积总偏差　b. 径向跳动　　　　c. 齿厚偏差　　　　d. 接触斑点

3. 给定一个方向的直线度公差,其公差带形状为(　　)。
  a. 两条平行直线　b. 两个平行平面　c. 一个圆柱体

4. 为了正确地评定被测表面的表面粗糙度,标准规定应在(　　)给出评定结果。
  a. 一个取样长度上　b. 一个评定长度上　c. 轮廓表面全长上

5. 轮毂可在装键的轴上滑动,则应选择(　　)。
  a. 松联结　　　　　b. 正常联结　　　　c. 紧密联结

6. 矩形花键联结标准中,采用的定心方式是(　　)定心。
  a. 大径　　　　　　b. 小径　　　　　　c. 键侧

7. 0、6、5 级滚动轴承单一平面平均内径的公差带为(　　)。
a. 上偏差为零,下偏差为负
b. 下偏差为零,上偏差为正
c. 上下偏差均不为零

8. 某一滚动轴承其外圈相对于负荷方向静止,内圈相对于负荷方向旋转。其内外圈与轴、孔配合性质为(　　)。
a. 相等　　　　　b. 外圈松内圈紧　　　　c. 外圈紧内圈松

9. 轴的体外作用尺寸(　　)其实际尺寸。
a. 大于　　　　　b. 小于　　　　　　　c. 等于

10. 控制螺纹的作用中径是为了保证(　　)。
a. 联接强度　　　b. 可旋合性　　　　　c. 联接强度和可旋合性

三、填空题(每空 0.5 分,共 10 分)

1. 对分度齿轮的主要要求是传递运动的_____;对低速动力齿轮的主要要求是_____;对高速动力齿轮的主要要求是_____。

2. 在尺寸公差带图中,公差带的大小由_____决定,公差带的位置由_____决定。

3. 车削零件的表面粗糙度要求 Ra 的上限允许值为 $0.32 \mu m$ 时,在零件图上的标注为_____;或要求 $Rz \leqslant 1.6 \mu m$ 时,在零件图上的标注为_____。

4. $\phi 60 \frac{J7}{h6}$ 为基_____制_____配合,h6 的基本偏差为_____偏差。

5. 平键配合采用的是_____制配合,花键配合采用的是_____制配合。

6. 内、外螺纹的基本偏差代号分别为_____和_____。

7. 与幅度特性有关的表面粗糙度评定参数的代号为_____和_____。

8. J7 的基本偏差为_____偏差,h6 的基本偏差为_____偏差,它的数值为_____。

四、设计题(10 分)

有一公称尺寸为 $\phi 80$ mm 的孔轴配合,$Y_{min} = -11 \mu m$,$Y_{max} = -61 \mu m$,因结构原因需采用基轴制,试决定孔和轴的公差等级,选择配合代号,并画出尺寸公差带图。(要求写清计算过程)标准公差数值表和孔的基本偏差数值表见表 10.5 和表 10.6。

表 10.5　标准公差数值表

公称尺寸/mm		公差等级											
		IT1	IT2	IT3	IT4	IT5	IT6	IT7	IT8	IT9	IT10	IT11	IT12
大于	至	μm											
50	80	2	3	5	8	13	19	30	46	74	120	190	300
80	120	2.5	4	6	10	15	22	35	54	87	140	220	350

第 10 章 哈尔滨工业大学试题与参考答案

表 10.6 孔的基本偏差数值表

基本偏差	下偏差 EI/μm				上偏差 ES/μm					Δ 值	
等级	所有等级				≤ IT7	标准公差等级大于 IT7				标准公差等级	
公称尺寸	D	E	F	G	P 至 ZC	P	R	S	T	IT6	IT7
>65~80	+100	+60	+30	+10	在大于 IT7 的数值上增加一个 Δ 值	−32	−41	−53	−66	6	11
>80~100	+120	+72	+36	+12			−43	−59	−75		

五、计算题(10 分)

试计算孔 $\phi 30^{+0.033}_{0}$ 与轴 $\phi 30^{+0.069}_{+0.048}$ 配合的极限过盈、配合公差并画尺寸公差带图。

六、尺寸链计算题(10 分)

图 10.5(a)为滑块与槽形导轨的配合图和零件图。已知导轨与滑块的尺寸 A_1 为 $24^{+0.28}_{0}$,A_2 为 $30^{+0.14}_{0}$,A_3 为 $23^{0}_{-0.28}$,A_4 为 $30^{-0.04}_{-0.08}$,几何公差要求如图 10.5(b)、10.5(c)所示。试计算当滑块与导轨大端在右侧接触时,滑块与导轨小端左侧的间隙。

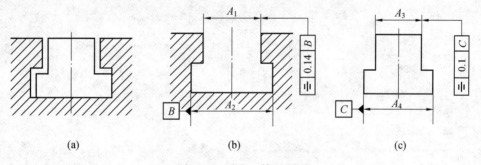

(a)　　　　　　(b)　　　　　　(c)

图 10.5　试卷三第六题图

七、标注题(10 分)

按国标规定,将下列形位公差要求标在图 10.6 上。

(1)圆锥面的圆度公差为 0.01 mm;

(2)圆锥面对 $\phi 30H7$ 孔轴线的斜向圆跳动公差为 0.02 mm;

(3)$\phi 30H7$ 孔表面的圆柱度公差为 0.01 mm;

(4)$\phi 30H7$ 孔轴线的直线度公差为 $\phi 0.005$ mm;

(5)右端面对 $\phi 30H7$ 孔轴线的轴向全跳动公差为 0.03 mm;

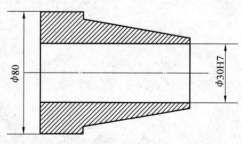

图 10.6　试卷三第七题图

(6) 右端面平面度公差为 0.005 mm；
(7) 左端面对右端面的平行度公差为 0.03 mm；
(8) ϕ30H7 内孔表面粗糙度 Ra 上限允许值为 3.2 μm；
(9) 右端面表面粗糙度 Rz 上限最大值为 6.3 μm；
(10) 右端面对 ϕ30H7 孔轴线的垂直度公差为 0.01 mm。

互换性与测量技术基础　试题四

题号	一	二	三	四	五	六	七	八	九	卷面分	平时成绩	总分
分数												
评卷人												

一、简答题（共 26 分）

1. (2 分)确定标准公差等级的基本原则是什么？

2. (4 分)互换性按照程度分为哪两种？对于标准件而言，互换性分为哪两种？某轴承厂内部可采用哪种互换性来降低成本？

3. (2 分)一般情况下，$\phi 40H6$ 和 $\phi 10H6$ 相比，哪个应选用较小的粗糙度参数值？

4. (4 分)某螺纹的标记为 M10—7g6g—L，试说明该标记中各个代号的含义？

5. (4 分)普通平键尺寸($b \times h \times l$)如何确定？平键与键槽的配合类型有哪几种？

6. (3 分)滚动轴承内圈内径与轴颈的配合和外圈与外壳孔的配合分别采用哪种基准制？为什么？

7. (4 分) 请解释矩形花键代号 8×32×36×6 表示的含义。

8. (3 分) 几何公差的公差原则和公差要求有哪些?

二、计算题(12 分)

已知某孔与轴采用基孔制配合,根据空间要求设计其公称尺寸 $D(d) = \phi 30$ mm,根据配合性能要求该配合 $Y_{max} = -0.054$ mm, $Y_{min} = -0.02$ mm。标准公差数值表和轴的基本偏差数值表见表 10.7。试求:

(1) 孔的公差 T_D 和轴的公差 T_d;
(2) 孔和轴的极限偏差;
(3) 孔轴配合代号;
(4) 画出尺寸公差带图(标注出 Y_{max} 和 Y_{min})。

表 10.7 标准公差数值表和轴的基本偏差数值表

公称尺寸/mm	标准公差 IT/μm				轴基本偏差 ei/μm			
	6	7	8	9	p	r	s	t
>18 ~ 30	13	21	33	52	+22	+28	+35	+41
>30 ~ 50	16	25	39	62	+26	+34	+43	+48

三、改错题(12 分)

在不改变几何公差特征项目的前提下,要求用序号标注并说明图 10.7 中几何公差和表面粗糙度轮廓代号的标注错误。

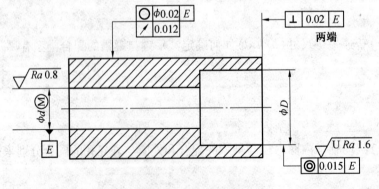

图 10.7 试卷四第三题图

四、综合题(12分)

如图10.8所示,与滚动轴承外圈配合的孔的尺寸精度为 $\phi 100^{+0.022}_{-0.013}$ Ⓔ,按包容要求加工,加工后测量得到实际尺寸 $D_a = \phi 100.02$ mm,其中心轴线的直线度误差 $f_- = 0.01$ mm,试求:

(1)该孔的极限尺寸和体外作用尺寸?
(2)该孔的最大实体尺寸和最小实体尺寸?
(3)写出包容要求合格的判据,并判断该孔零件是否合格?

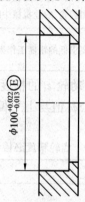

图10.8 试卷四第四题图

五、典型零部件设计(13分)

已知某机床主轴箱传动轴的一对直齿齿轮,$z_1 = 26$,$z_2 = 56$,$m = 2.75$,$b_1 = 28$,$b_2 = 24$,内孔 $D = \phi 30$,$n_1 = 1\ 650$ r/min,$L = 90$ mm,经计算主动轮 z_1 的齿厚公称值为 4.32 mm,其上下偏差分别为 -0.103 mm 和 -0.161 mm。齿轮、箱体材料为黑色金属,单件小批生产,要求设计小齿轮精度,并将技术要求标注在齿轮精度必检参数表10.9中。

(1)查表10.8,根据圆周速度确定主动轮 z_1 的精度等级(注:分度圆直径公式:$d = mz$;另外:要求准确性、稳定性、载荷分布均匀性取相同精度等级);

表10.8 齿轮平稳性精度等级选用表

精度等级	圆周速度/(m·s^{-1})		应用范围
	直齿轮	斜齿轮	
3级 (极精密)	≤40	≤75	特别精密或在最平稳且无噪声的特别高速下工作的齿轮传动 特别精密机构中的齿轮;特别高速传动(透平齿轮) 检测5~6级齿轮用的测量齿轮
4级 (特别精密)	≤35	≤70	特精密分度机构中或在最平稳、无噪声的极高速下工作的齿轮传动 高速透平传动 检测7级齿轮用的测量齿轮
5级 (高精密)	≤20	≤40	精密分度机构中或要求极平稳、无噪声的高速工作的齿轮传动 精密机构用齿轮;透平齿轮 检测8~9级齿轮用测量齿轮
6级 (高精密)	≤16	≤30	最高效率、无噪声的高速下平稳工作的齿轮传动 特别重要的航空、汽车齿轮 读数装置用特别精密传动的齿轮

续表 10.8

精度等级	圆周速度/(m·s⁻¹) 直齿轮	圆周速度/(m·s⁻¹) 斜齿轮	应用范围
7级（精密）	≤10	≤15	增速和减速用齿轮传动；金属切削机床送刀机构用齿轮 高速减速器用齿轮；航空、汽车用齿轮；读数装置用齿轮
8级（中等精密）	≤6	≤10	一般机械制造用齿轮；分度链中的机床传动齿轮 航空、汽车用的不重要齿轮；通用减速器齿轮 起重机构用齿轮、农业机械中的重要齿轮
9级（较低精度）	≤2	≤4	用于精度要求低的粗糙工作齿轮

(2) 查表 10.10 和表 10.11，将主动轮 z_1 的精度等级、齿距累积总偏差、单个齿距偏差、齿廓总偏差、螺旋线总偏差、齿厚公称值与上下偏差等检验参数的符号和公差值填入表 10.9 中。

表 10.9 齿轮精度必检参数表

模数	m	2.75
齿数	z	26
齿形角	α	20°
变位系数	χ	0
精度等级		
齿距累积总偏差		
单个齿距偏差		
齿廓总偏差		
螺旋线总偏差		
齿厚与上下偏差		

表 10.10 $\pm f_{pt}$、f_p、$\pm F_{p_k}$、F_α、f'_1、F'_1、F_t、F_w 偏差允许值表

分度圆直径 d/mm	模数 m_n/mm \ 精度等级	$\pm f_{pt}$ 5	6	7	8	F_p 5	6	7	8	F_α 5	6	7	8
>50~125	≥0.5~2	5.5	7.5	11	15	18	26	37	52	6.0	8.5	12	17
	>2~3.5	6.0	8.5	12	17	19	27	38	53	8.0	11	16	22
	>3.5~6	6.5	9.0	13	18	19	28	39	55	9.5	13	19	27

表 10.11　F_β 公差表

分度圆直径 d/mm	齿宽 b/mm	精度等级	螺旋线总公差 F_β			
			5	6	7	8
≥5~20	≥4~10		6.5	9.5	13	19
	>10~20		7.5	11	15	21
	>20~40		8.5	12	17	24
	>40~80		10	14	20	28

六、尺寸链计算题(10 分)

加工如图 10.9 所示套筒,外圆柱面尺寸按 $B_1 = \phi 70_{-0.08}^{-0.04}$ mm 加工,内孔尺寸按 $B_2 = \phi 60_{0}^{+0.06}$ mm 加工,并保证内孔轴线对外圆柱面轴线的同轴度公差 $\phi 0.02$ mm。试求:

(1)尺寸链图;
(2)判断封闭环、增环和减环;
(3)按极值法计算该套筒壁厚尺寸 B_0 的变动范围,并校核计算结果。

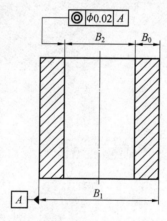

图 10.9　试卷四第六题图

七、标注题(15 分)

将下列技术要求,按国家标准规定标注在图 10.10 上:

(1)$\phi 20$f6 圆柱面采用包容要求;
(2)$\phi 20$f6 圆柱面的轴线对右端面 A 的垂直度公差为 0.01 mm;
(3)6N9 键槽中心平面相对于 $\phi 20$f6 圆柱面轴线的对称度公差为 0.01 mm;
(4)4×$\phi 4$EQS 孔的轴线相对于右端面 A(第一基准)和 $\phi 20$f6 圆柱面轴线的位置度公差为 0.1 mm;该孔轴线的位置度公差与其尺寸公差的关系采用最大实体要求;
(5)$\phi 20$f6 圆柱面的表面粗糙度轮廓参数 Ra 的上限值为 3.2 μm,下限值为 1.6 μm,其余各面的表面粗糙度轮廓参数 Rz 的最大值为 12.5 μm;
(6)未注线性尺寸公差和几何公差采用中等级。

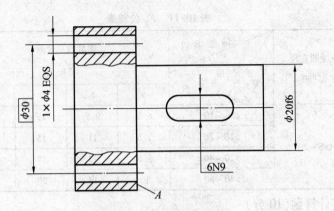

图 10.10　试卷四第七题图

互换性与测量技术基础 试题五

题号	一	二	三	四	五	六	七	八	九	卷面分	平时成绩	总分
分数												
评卷人												

一、简答题（共 30 分）

1.(4 分)举例说明日常生活或者工业生产中的互换性案例？互换性按照程度分为哪两种？

2.(4 分)标准按照应用范围可分为哪 4 类？

3.(4 分)在尺寸链中,哪个环的公差最大？其与组成环的公差之间的关系是什么？

4.(3 分)普通平键的配合种类包括哪 3 种？

5.(6 分)滚动轴承所受的负荷类型有哪 3 种？负荷大小分为哪 3 种？

6. (3分)渐开线圆柱齿轮的准确性、平稳性、载荷分布均匀性的精度等级均为7级,如何在图纸上标注该齿轮的精度(齿轮国家标准按 GB/T 10095.1—2008 规定)?

7. (6分)普通外螺纹的公称直径为 6 mm,螺距为 0.75 mm,中径和顶径的公差带分别为 5 h 和 6 h,短旋合长度,左旋,如何用代号表示该螺纹?

二、设计题(16分)

已知某孔、轴配合,其公称尺寸为 $D(d) = \phi 40$ mm,根据使用要求,极限间隙如下: $X_{\min} \geq +20$ μm, $X_{\max} \leq +90$ μm,若采用基孔制,要求写出计算过程。标准公差数值表和轴的基本偏差数值表见表 10.12 和表 10.13。

(1)计算配合公差允许范围;
(2)设计孔和轴的公差等级和公差大小;
(3)求解轴的基本偏差范围,设计轴的基本偏差代号以及基本偏差数值;
(4)给出孔轴的配合公差代号;
(5)计算最大间隙和最小间隙,并校核设计的合理性;
(6)画出该孔轴配合的尺寸公差带图,并标注极限间隙。

表 10.12　标准公差数值表

公称尺寸/mm		公差等级									
		IT1	IT2	IT3	IT4	IT5	IT6	IT7	IT8	IT9	IT10
大于	至	μm									
30	50	1.5	2.5	4	7	11	16	25	39	62	100
50	80	2	3	5	8	13	19	30	46	74	120
80	120	2.5	4	6	10	15	22	35	54	87	140

表 10.13　轴的基本偏差数值表

基本偏差代号	上偏差 es/μm					下偏差 ei/μm		
	e	ef	f	fg	g	m	n	p
等级 公称尺寸	所有等级							
>30~50	−50	—	−25	—	−9	+9	—	—
>50~80	−60	—	−30	—	−10	+11	+20	+32
>80~100	−72	—	−36	—	−12	+13	+23	+37
>100~120								

三、计算题(16 分)

已知某孔、轴配合,其中孔的公差带为 $\phi 45^{+0.039}_{0}$ mm,轴的公差带为 $\phi 45^{-0.025}_{-0.050}$ mm,试计算(要求写出计算公式):

(1)孔的公差大小;

(2)轴的公差大小;

(3)配合公差大小;

(4)判断基准制和配合类型;

(5)极限间隙(最大间隙和最小间隙);

(6)画出该孔轴配合的尺寸公差带图,并标注极限间隙。

四、综合题(14 分)

设计齿轮减速器中输出轴由两个滚动轴承支承,为保证滚动轴承内圈与轴颈的配合性质,该轴颈采用包容要求 $\phi 45^{0}_{-0.039}$ⒺOCR,加工后测得该轴颈实际尺寸 $d_a = \phi 44.97$ mm,测量得其轴线的直线度误差 $f_- = \phi 0.01$ mm,试计算:(要求写出计算公式)

(1)该轴的极限尺寸?

(2)体外作用尺寸?

(3)该轴的最大实体尺寸和最小实体尺寸?

(4)写出包容要求合格判据?

(5)并判断该轴是否合格?

五、尺寸链计算题(12 分)

某套筒零件尺寸如图 10.11 所示,加工顺序为:车外圆得到 $\phi 30^{0}_{-0.04}$ mm,钻内孔得到 $\phi 20^{+0.06}_{0}$ mm,内孔对外圆轴线的同轴度公差为 $\phi\Phi 0.02$ mm。

(1)试画出尺寸链图;

(2)判别封闭环、增环和减环;

(3)试计算其壁厚尺寸和公差;

(4)校核计算结果的正确性。

六、标注题(12 分)

将下列技术要求,按国家标准规定标注在图 10.12 上:

(1)圆锥面的圆度公差为 0.01 mm;

(2)圆锥面对 $\phi 30H7$ 孔轴线的斜向圆跳动公差为 0.02 mm;

(3)$\phi 30H7$ 孔表面的圆柱度公差为 0.01 mm;

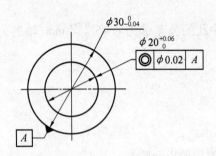

图 10.11 试卷五第五题图

(4) ϕ30H7 孔轴线的直线度公差为 ϕ0.005 mm；

(5) 右端面对 ϕ30H7 孔轴线的轴向全跳动公差为 0.01 mm；

(6) 右端面平面度公差为 0.005 mm；

(7) 左端面对右端面的平行度公差为 0.03 mm；

(8) ϕ30H7 内孔表面粗糙度 Ra 上限允许值为 3.2 μm；

(9) 左端面表面粗糙度 Rz 上限允许值为 6.3 μm；

(10) 左端面对 ϕ30H7 孔轴线的垂直度公差为 0.03 mm。

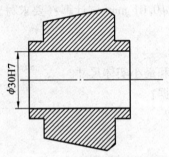

图 10.12 试卷五第六题图

参考答案

试题一

一、是非题
1. × 2. × 3. √ 4. √ 5. √ 6. × 7. × 8. √ 9. √ 10. ×

二、选择题
1. a 2. b 3. b 4. c 5. c 6. a 7. c 8. a 9. b 10. b

三、填空题
1. 准确性 接触精度 平稳性
2. 标准公差 基本偏差
3. 完全互换性 不完全互换性
4. 轴 过渡 上

四、设计题
(1) 确定孔和轴的标准公差等级。
$T_f \leqslant |[X_{max}]-[X_{min}]| = 36$ μm，且 $T_f \leqslant T_D + T_d$，孔公差等级选为 IT7 = 21 μm，轴的公差等级选为 IT6 = 13 μm。
(2) 确定配合公差代号。
选择基孔制配合，即 H7，所以 EI = 0，且 ES = EI+IT7 = +21 μm。

$$\begin{cases} X_{max} = ES-ei \leqslant [X_{min}] = +42 \text{ μm} \\ X_{min} = EI-es \geqslant [X_{max}] = +6 \text{ μm} \\ T_d = es-ei = IT6 = 13 \text{ μm} \end{cases}$$

轴基本偏差 es 的范围为 $-8 \leqslant es \leqslant -6$ μm，选取轴的基本偏差为 g，所以 es = -7 μm。
ei = es-IT6 = -20 μm 间隙配合代号为 $\phi25\dfrac{H7}{g6}$。

(3) 校核计算结果的正确性。

$$\begin{cases} X_{max} = ES-ei = +0.041 \text{ mm} \\ X_{min} = EI-es = +0.007 \text{ mm} \end{cases}$$

(4) 尺寸公差带图如图 10.13 所示。

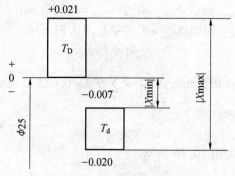

图 10.13 试卷一第四题尺寸公差带图

五、计算题

极限偏差为 $\begin{cases} ES=+0.025 \text{ mm} \\ EI=0 \end{cases}$, $\begin{cases} es=+0.033 \text{ mm} \\ ei=+0.017 \text{ mm} \end{cases}$。

公差值：$T_D=0.025$ mm，$T_d=0.016$ mm。

基孔制配合，配合性质为过渡配合。

尺寸公差带图如图 10.14 所示。

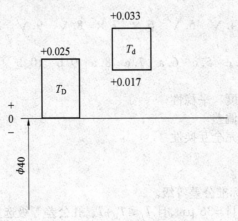

图 10.14　试卷一第五题尺寸公差带图

六、尺寸链计算题

(1) 尺寸链图如图 10.15 所示,其中 A_1 为镀膜前孔的半径,A_2 为镀膜厚度,A_0 为镀膜后孔的半径。$A_1=25^{+0.022}_{+0.010}$，$A_0=25^{+0.015}_{0}$。

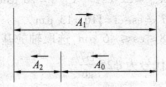

图 10.15　试卷一第六题尺寸链图

(2) 镀膜后孔的半径 A_0 为镀膜工艺自然形成的,为封闭环;增环有 A_1,减环有 A_2。

(3) 计算镀膜厚度范围：

因为 $A_{0\max}=A_{1\max}-A_{2\min}$，所以 $A_{2\min}=A_{1\max}-A_{0\max}=0.007$ mm；

因为 $A_{0\min}=A_{1\min}-A_{2\max}$，所以 $A_{2\max}=A_{1\min}-A_{0\min}=0.01$ mm。

(4) 校验计算结果。

$T_0=A_{0\max}-A_{0\min}=0.015$ mm，且 $T_0=\sum_{i=1}^{2}T_{A_i}=0.015$ mm，计算无误。镀层的厚度范围为 $0.007 \sim +0.01$ mm。

七、标注题

几何公差标注答案如图 10.16 所示。

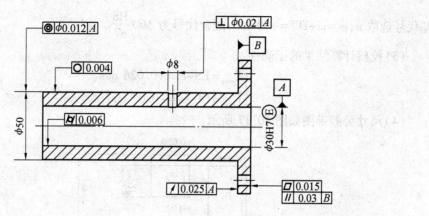

图 10.16　试卷一第七题标注答案

试题二

一、是非题

1. ×　2. ×　3. ×　4. √　5. ×　6. ×　7. ×　8. ×　9. ×　10. ×

二、选择题

1. b　2. a　3. d　4. d　5. a　6. a　7. b　8. c　9. c　10. a

三、填空题

1. 外　中

2. 0、6、5、4、2　基轴　基孔

3. 标准公差　基本偏差

4. 包容　最大实体　最小实体

5. 准确性　平稳性　载荷分布均匀性　齿侧间隙合理性

6. 封闭　所有组成环公差之和

7. Ra　Rz

8. 完全互换性　不完全互换性

四、设计题

(1) 确定孔和轴的标准公差等级。

$T_f \leq |[X_{max}] - [Y_{max}]| = 80\ \mu m$，$T_f \leq T_D + T_d$，孔和轴的公差等级为 IT8 = 46 μm 和 IT7 = 30 μm。

(2) 求解配合公差代号。

因为是基孔制 H8，所以 EI = 0，且 ES = EI+IT8 = +46 μm；

$$\begin{cases} X_{max} = ES - ei \leq +27\ \mu m \\ Y_{max} = EI - es \geq -53\ \mu m \\ T_d = es - ei = IT7 = 30\ \mu m \end{cases}$$

轴的基本偏差范围为 +19 $\mu m \leq ei \leq +23\ \mu m$，选取轴的基本偏差 ei = +20 μm，基本偏

差代号选取 n, es = ei+IT7 = +50 μm；配合代号为 $\phi 60 \dfrac{H8}{n7}$。

(3) 校核计算结果的正确性。

$$\begin{cases} X_{\max} = ES - ei = +0.026 \text{ mm} \\ Y_{\max} = EI - es = -0.05 \text{ mm} \end{cases}$$

(4) 尺寸公差带图如图 10.17 所示。

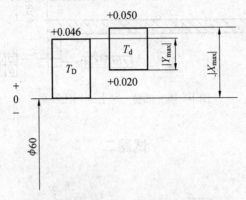

图 10.17　试卷二第四题尺寸公差带图

五、计算题

IT7 = 0.021 mm，IT6 = 0.013 mm；

(1) H7 基孔制，EI = 0，ES = +0.021 mm，即 $\phi 30H7(^{+0.021}_{0})$；对于 n6，ei = = +0.015 mm，es = ei+IT6 = +0.028 mm，$\phi 30n6(^{+0.028}_{+0.015})$；

(2) h6 基轴制，es = 0，ei = -0.013 mm，$\phi 30h6(^{0}_{-0.013})$；对于 T7，ES = -0.033 mm，EI = -0.054 mm，即 $\phi 30T7(^{-0.033}_{-0.054})$；尺寸公差带图如图 10.18 所示。

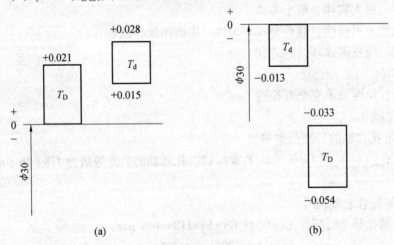

图 10.18　试卷二第五题尺寸公差带图

六、尺寸链计算题

(1) 尺寸链图如图 10.19 所示。

第10章 哈尔滨工业大学试题与参考答案

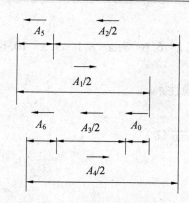

图 10.19 试卷二第六题尺寸链图

(2)确定封闭环为 A_0;确定增减环;增环有 $A_1/2$、$A_4/2$;减环有 A_5、$A_2/2$、A_6、$A_3/2$;

(3)计算滑块与导轨小端右侧间隙:

$A_{0\max} = [(A_1/2)_{\max} + (A_4/2)_{\max}] - [A_{5\min} + (A_2/2)_{\min} + A_{6\min} + (A_3/2)_{\min}] = 0.88 \text{ mm}$

$A_{0\min} = [(A_1/2)_{\min} + (A_4/2)_{\min}] - [A_{5\max} + (A_2/2)_{\max} + A_{6\max} + (A_3/2)_{\max}] = 0.27 \text{ mm}$

(4)校验计算结果:$T_0 = A_{0\max} - A_{0\min} = 0.61 \text{ mm}$ 与 $T_0 = \sum_{i=1}^{6} T_{A_i} = 0.61 \text{ mm}$ 一致,计算无误,滑块与导轨小端右侧间隙为 $+0.27 \sim +0.88$ mm。

七、标注题

几何公差标注答案如图 10.20 所示。

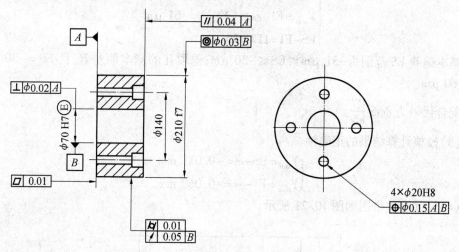

图 10.20 试卷二第七题答案

试题三

一、是非题

1. √ 2. √ 3. √ 4. × 5. × 6. × 7. √ 8. × 9. √ 10. ×

二、选择题

1. c 2. c 3. b 4. b 5. a 6. b 7. a 8. b 9. a 10. b

三、填空题

1. 准确性 均匀性 平稳性
2. 标准公差 基本偏差
3. $\sqrt{Ra\ 0.32}$, $\sqrt{Rz\ max\ 1.6}$
4. 轴 过渡 上
5. 基轴 基孔
6. G、H e、f、g、h
7. Ra Rz
8. 上 上 0

四、设计题

(1) 确定孔轴的标准公差等级。

$T_f \leq |[Y_{max}]-[Y_{min}]| = 50$ μm，且 $T_f \leq T_D + T_d$，孔和轴的公差等级为 IT7 = 30 μm 和 IT6 = 19 μm。

(2) 确定配合代号。

因为是基轴制 h6，所以 es = 0，且 ei = es−IT6 = −19 μm；

$$\begin{cases} Y_{min} = ES-ei \leq [Y_{min}] = -11 \text{ μm} \\ Y_{max} = EI-es \geq [Y_{max}] = -61 \text{ μm} \\ ES-EI = IT7 = 30 \text{ μm} \end{cases}$$

基本偏差 ES 范围为 −31 μm ≤ ES ≤ −30 μm；选取孔的基本偏差 R；且 ES = −30 μm，EI = −60 μm。

配合代号为 $\phi 65 \dfrac{R7}{h6}$。

(3) 校核计算结果的正确性。

$$\begin{cases} Y_{min} = ES-ei = -0.011 \text{ mm} \\ Y_{max} = EI-es = -0.060 \text{ mm} \end{cases}$$

(4) 尺寸公差带图如图 10.21 所示。

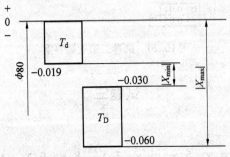

图 10.21 试卷三第四题尺寸公差带图

五、计算题

极限过盈为

$$\begin{cases} Y_{max} = \text{EI} - \text{es} = -0.069 \text{ mm} \\ Y_{min} = \text{ES} - \text{ei} = -0.015 \text{ mm} \end{cases}$$

配合公差为 $T_f = |Y_{max} - Y_{min}| = 0.054$ mm

尺寸公差带图如图 10.22 所示。

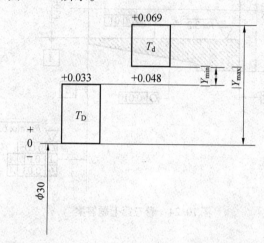

图 10.22 试卷三第五题尺寸公差带图

六、尺寸链计算题

(1) 尺寸链图如图 10.23 所示。

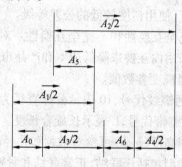

图 10.23 试卷三第六题尺寸链图

(2) 确定封闭环和增减环。

封闭环为 A_0；增环有 $A_2/2$、$A_1/2$；减环有 A_5、$A_3/2$、A_6、$A_4/2$。

(3) 计算滑块与导轨小端左侧间隙：

$A_{0max} = [(A_2/2)_{max} + (A_1/2)_{max}] - [A_{5min} + (A_3/2)_{min} + A_{6min} + (A_4/2)_{min}] = 1.01$ mm

$A_{0min} = [(A_2/2)_{min} + (A_1/2)_{min}] - [A_{5max} + (A_3/2)_{max} + A_{6max} + (A_4/2)_{max}] = 0.4$ mm

(4) 校验计算结果：由于 $T_0 = A_{0max} - A_{0min} = 0.61$ mm 与 $T_0 = \sum T_i = 0.61$ mm 计算一致，计算无误。因此，滑块与导轨小端左侧间隙为 $+0.4 \sim +1.01$ mm。

七、标注题

精度标注答案如图 10.24 所示。

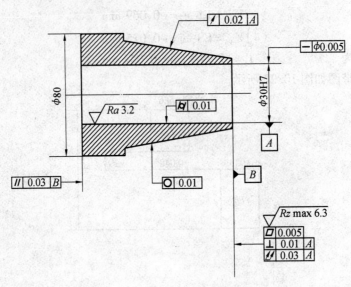

图 10.24　卷三第七题答案

试题四

一、简答题

1. 满足使用要求的情况下,使用精度较低的公差等级。

2. 互换性按照程度分为完全互换性和不完全互换性。对于标准件,互换性分为内互换和外互换。轴承厂内部可采用内互换来降低成本和产品市场的竞争力。

3. $\phi 10H6$ 应选用较小的粗糙度参数值。

4. 螺纹标记中 M 表示普通螺纹代号,10 表示公称直径为 10 mm,7g 为外螺纹中径公差带代号,6g 为外螺纹顶径公差带代号,L 表示长旋合长度。

5. 普通平键尺寸的键宽和高度($b \times h$)可参考轴颈和孔径的直径查表确定,长度 l 由结构确定。平键和键槽的配合类型包括松联结、正常联结和紧密联结。

6. 由于滚动轴承为标准件,设计时应以标准件为基准,因此,轴承内圈内径与轴颈的配合应采用基孔制,轴承外圈与外壳孔的配合应采用基轴制。

7. 8 表示矩形花键的键数为 8 个,32 表示小径为 32 mm,36 表示大径为 36 mm,6 表示键宽为 6 mm。

8. 几何公差的公差原则和公差要求包括:独立原则、包容要求、最大实体要求、最小实体要求和可逆要求。

二、设计题

(1) 确定孔和轴的公差等级。

计算配合公差:$T_f \leq |Y_{\max} - Y_{\min}| = 34$ μm,且 $T_f \leq T_D + T_d$;查表可知:孔公差等级选为

IT7 = 21 μm,轴的公差等级选为 IT6 = 13 μm。

(2)求取孔轴的公差代号。

基孔制,所以孔的公差带为 H7。且 EI = 0,ES = EI+IT7 = +21 μm;

$$\begin{cases} Y_{\min} = \text{ES} - \text{ei} \leq [Y_{\min}] = -20 \text{ μm} \\ Y_{\max} = \text{EI} - \text{es} \geq [Y_{\max}] = -54 \text{ μm} \\ \text{es} - \text{ei} = \text{IT6} = 13 \text{ μm} \end{cases}$$

轴的基本偏差为 ei,求解其范围:ei = +41 μm;选取轴的基本偏差 t;所以 es = ei+IT6 = +54 μm;配合公差带代号为 $\phi 30 \dfrac{\text{H7}}{\text{t6}}$。

(3)校核设计结果的正确性。

$$\begin{cases} Y_{\min} = \text{ES} - \text{ei} = -0.020 \text{ mm} \\ Y_{\max} = \text{EI} - \text{es} = -0.054 \text{ mm} \end{cases}$$

(4)尺寸公差带图如图 10.25 所示。

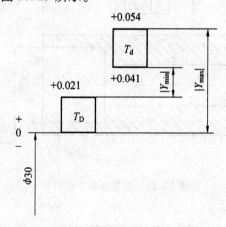

图 10.25 试卷四第二题尺寸公差带图

三、改错题

标注错误如图 10.26 所示。

(1)基准符号不适用字母 E,易于混淆,改成 A;

(2)包容要求,Ⓜ应为Ⓔ;

(3)圆度公差带为圆环区域,不加 ϕ;

(4)圆度公差应小于圆跳动公差,修改为 0.012;

(5)圆度不需要基准;

(6)圆跳动公差应大于圆度公差,修改为 0.02;

(7)圆跳动公差需要基准;

(8)垂直度基准修改为 A;

(9)表示轴线时,箭头方向应为尺寸线重合;

(10)同轴度需加 ϕ;

(11)同轴度基准修改为 A。

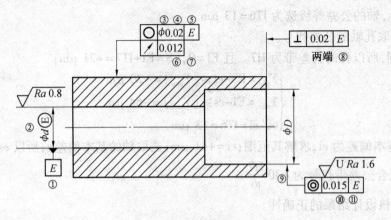

图 10.26 试卷四第三题标注错误

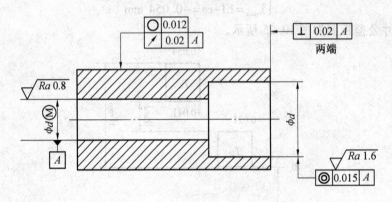

图 10.27 试卷四第三题答案

四、综合题

(1)最大和最小极限尺寸 $D_{max}=D+ES=\phi100.022$ mm,$D_{min}=D+EI=\phi99.987$ mm;体外作用尺寸 $D_{fe}=D_a-f_{几何}=\phi100.01$ mm。

(2)最大实体尺寸 $D_M=D_{min}=\phi99.987$ mm,最小实体尺寸 $D_L=D_{max}=\phi100.022$ mm。

(3)按照包容要求判断该齿轮孔的合格性:

$$\begin{cases} D_{fe}=\phi100.01 \text{ mm}>D_M=\phi99.987 \text{ mm} \\ D_a<D_L=\phi100.022 \text{ mm} \end{cases}$$

故合格。

五、典型零部件设计

(1)计算圆周转速:$v=\dfrac{\pi m z_1 n_1}{1\,000\times60}=6.2$ m/s,查表选取齿轮精度等级为 7 级。标注为:7GB/T 10095.1。

(2)根据齿轮的精度等级 7 级,分度圆直径为 71.5 mm,模数为 2.75,齿宽为 28 mm,查表获得必检参数的偏差允许值,填入表 10.14。

表 10.14 试卷四第五题答案表

模数	m	2.75
齿数	z	26
齿形角	α	20°
变位系数	χ	0
精度等级		7GB/T10095.1
齿距累积总偏差	F_p	0.038
单个齿距偏差	$\pm f_{pt}$	±0.012
齿廓总偏差	F_α	0.016
螺旋线总偏差	F_β	0.017
齿厚与上下偏差		$4.32_{-0.161}^{-0.103}$

六、尺寸链计算题

(1)尺寸链图如图 10.28 所示。定义外圆半径 $A_1 = B_1/2 = \phi 35_{-0.04}^{-0.02}$ mm,内孔半径为 $A_2 = B_2/2 = \phi 30_{0}^{+0.03}$ mm,同轴度公差 $A_3 = 0 \pm 0.01$ mm,壁厚为 A_0。

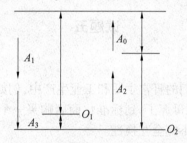

图 10.28 试卷四第六题尺寸链图

(2)A_0 为封闭环,A_1、A_3 是增环,A_2 为减环;

(3)极值法计算:$A_0 = A_1 + A_3 - A_2 = 5$ mm;

$ES_0 = ES_{A_1} + ES_{A_3} - EI_{A_2} = -0.01$ mm;

$EI_0 = EI_{A_1} + EI_{A_3} - ES_{A_2} = -0.08$ mm;

(4)校核:$T_0 = |ES_0 - EI_0| = 0.07$ mm,且 $T_0 = T_1 + T_2 + T_3 = 0.07$ mm,计算正确。则壁厚为 $5_{-0.08}^{-0.01}$ mm。

七、标注题

标注答案如图 10.29 所示。

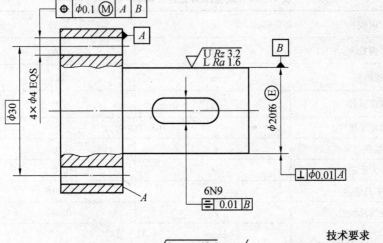

图 10.29　试卷四第七题答案

试题五

一、简答题

1. 互换性广泛应用于我们的日常生活和工业生产中,例如日光灯坏了,到商店买一个更换维修;机床上的螺钉和螺母坏了,到标准化商店购买一个,即可更换维修好。互换性按照程度分为完全互换性和不完全互换性。

2. 标准按照应用范围可分为国际标准、国家标准、省市部标准和企业标准。

3. 尺寸链中封闭环的公差最大,等于所有组成环的公差之和。

4. 普通平键的配合种类包括松联结、正常联结和紧密联结。

5. 滚动轴承所受的负荷类型有定向负荷、旋转负荷和摆动负荷。负荷大小分为轻负荷、正常负荷和中负荷。

6. 该渐开线圆柱齿轮在图纸上标注为 7 GB/T 10095.1—2008。

7. M6×0.75—5h6h—S—LH。

二、设计题

(1) 确定孔和轴的公差等级。

计算配合公差为 $T_f \leq |X_{max} - X_{min}| = 70~\mu m$,且 $T_f \leq T_D + T_d$,孔和轴的公差等级选为 IT8 = 39 μm 和 IT7 = 25 μm。

(2) 求取孔轴的公差代号。

基准孔的公差带为 H8,EI = 0,ES = EI + IT7 = +39 μm;

$$\begin{cases} X_{max} = ES - ei \leq +90~\mu m \\ X_{min} = EI - es \geq +20~\mu m \\ es - ei = IT7 = 25~\mu m \end{cases}$$

轴的基本偏差 es 范围为 $-26~\mu m \leqslant es \leqslant -20~\mu m$,选取轴基本偏差 $es=-25~\mu m$,基本偏差代号为 f,$ei=-50~\mu m$;配合公差带代号为 $\phi 40 \dfrac{H8}{f7}$。

(3) 校核设计结果的正确性。

$$\begin{cases} X_{\max} = ES - ei = +0.089~mm \\ X_{\min} = EI - es = +0.025~mm \end{cases}$$

(4) 尺寸公差带图如图 10.30 所示。

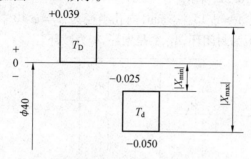

图 10.30　试卷五第二题答案

三、计算题

已知孔的极限偏差 $ES=+0.039~mm$,$EI=0~mm$;

轴的极限偏差 $es=-0.025~mm$,$ei=-0.050~mm$;

孔的极限尺寸 $D_{\max}=D+ES=\phi 45.039~mm$,$D_{\min}=D+EI=\phi 45.000~mm$;

轴的极限尺寸 $d_{\max}=d+es=\phi 44.075~mm$,$d_{\min}=d+ei=\phi 44.950~mm$;

(1) 孔的尺寸公差 $T_D=|ES-EI|=0.039~mm$;

(2) 轴的尺寸公差 $T_d=|es-ei|=0.025~mm$;

(3) 配合公差 $T_f=T_D+T_d=0.064~mm$;

(4) 从尺寸公差带图可以看出,该配合类别为基孔制的间隙配合。

(5) 最大间隙 $X_{\max}=ES-ei=+0.089~mm$,最小间隙 $X_{\min}=EI-es=+0.025~mm$。

(6) 尺寸公差带图如图 10.31 所示。

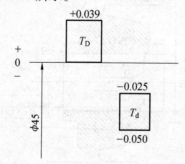

图 10.31　试卷五第三题尺寸公差带图

四、综合题

(1) 最大和最小极限尺寸 $d_{\max}=d+es=\phi 45~mm$,$d_{\min}=d+ei=\phi 44.961~mm$。

(2) 体外作用尺寸:$d_{fe}=d_a+f_{几何}=\phi 44.98~mm$。

(3)最大实体尺寸：$d_M=d_{max}=\phi 45.039$ mm，最小实体尺寸：$d_L=d_{min}=\phi 44.961$ mm。

(4)按照包容要求判断该轴颈的合格性：

$$\begin{cases} d_{fe}=\phi 44.98 \text{ mm}<d_M=\phi 45.039 \text{ mm} \\ d_a>d_L=\phi 44.961 \text{ mm} \end{cases}$$

故合格。

五、尺寸链计算题

(1)尺寸链图如图10.32所示。

(2)定义外圆半径 $A_1=\phi 15_{-0.02}^{\ 0}$ mm，内孔半径为 $A_2=\phi 10_0^{+0.03}$，同轴度公差 $A_3=0\pm 0.01$ mm，壁厚为 A_0。A_0 为封闭环，A_1、A_3 是增环，A_2 为减环。

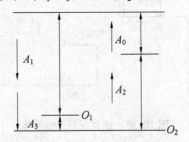

图10.32　试卷五第五题尺寸链图

(3)极值法计算：

$A_0=A_1+A_3-A_2=5$ mm；

$ES_0=ES_{A_1}+ES_{A_3}-EI_{A_2}=+0.01$ mm；

$EI_0=EI_{A_1}+EI_{A_3}-ES_{A_2}=-0.06$ mm。

(4)校核：$T_0=|ES_0-EI_0|=0.07$ mm；且校核公式 $T_0=T_1+T_2+T_3=0.07$ mm；计算正确。

壁厚为 $5_{-0.06}^{+0.01}$ mm。

六、标注题

标注答案如图10.33所示。

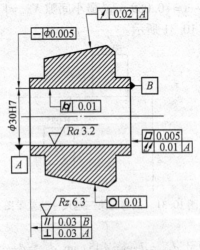

图10.33　试卷五第六题答案

参考文献

[1] 刘品,张也晗. 机械精度设计与检测基础[M]. 9版. 哈尔滨:哈尔滨工业大学出版社,2015.

[2] 马惠萍. 互换性与测量技术基础案例教程[M]. 北京:机械工业出版社,2014.

[3] 刘丽华. 机械精度设计与检测基础[M]. 2版. 哈尔滨:哈尔滨工业大学出版社,2016.

[4] 赵树忠. 互换性与技术测量[M]. 北京:科学出版社,2013.

[5] 赵熙平,周海. 机械精度设计与检测基础实验指导书[M]. 哈尔滨:哈尔滨工业大学出版社,2008.

[6] 张铁,李旻. 互换性与测量技术[M]. 北京:清华大学出版社,2010.

[7] 甘永立. 几何量公差与检测[M]. 上海:上海科学技术出版社,2013.

[8] 胡琭华. 公差配合与测量[M]. 2版. 北京:清华大学出版社,2010.

[9] 蒋秀珍. 精密机械结构设计[M]. 北京:清华大学出版社,2011.

[10] 杨传平. 机械精度设计与检测技术基础[M]. 北京:机械工业出版社,2012.

[11] 万书亭. 互换性与技术测量[M]. 北京:电子工业出版社,2012.

[12] 孔庆玲. 互换性与测量[M]. 2版. 北京:北京交通大学出版社,2013.

[13] 陈晓华. 机械精度设计与检测[M]. 北京:中国计量出版社,2010.

[14] 陈晓华,闫振华. 机械精度设计与检测学习指导[M]. 北京:中国质检/标准出版社,2015.

[15] 李翔英,蒋平,陈于萍. 互换性与测量技术基础学习指导及习题集[M]. 北京:机械工业出版社,2013.

[16] 王伯平. 互换性与测量技术基础学习指导及习题集与解答[M]. 北京:机械工业出版社,2010.